U0878631

cns

中小学生阅读书系

BOOKS
FOR PRIMARY AND
SECONDARY SCHOOL STUDENTS

初中

JUNIOR HIGH SCHOOL

CNS 中小学生阅读书系

初中
自然科学

数学家的眼光

SHUXUEJIA DE
YANGUANG

张景中 著

CNS | 湖南教育出版社

图书在版编目（CIP）数据

数学家的眼光/张景中著．—长沙：湖南教育出版社，2021.7（2025.10重印）
ISBN 978－7－5539－8300－4

Ⅰ．①数…　Ⅱ．①张…　Ⅲ．①数学—青少年读物　Ⅳ．①O1－49

中国版本图书馆 CIP 数据核字（2021）第 108774 号

数学家的眼光

SHUXUEJIA DE YANGUANG

著　　者：张景中
出 版 人：黄步高
责任编辑：胡　旺
封面设计：戴　宇
出版发行：湖南教育出版社
（长沙市韶山北路 443 号　邮编：410007）
网　　址：www.bakclass.com
电子邮箱：hnjycbs@ sina.com
客服电话：0731－85486979
经　　销：新华书店
印　　刷：湖南志翔印务有限公司
开　　本：890 mm×1240 mm　32 开
印　　张：7
字　　数：155 000
版　　次：2021 年 7 月第 1 版
印　　次：2025 年10月第 2 次印刷
书　　号：ISBN 978－7－5539－8300－4
定　　价：30.00 元

（如有印装质量问题，请直接与本社出版科联系调换）

景中：

承寄大作小册，甚为欣赏。該書似当譯成英文，此間亦有友人可担任此項工作。不知在考慮中否？

此丛書尚有他著否？可否代为收集，連仝另一本大作寄下。該价若干乞告，当請南开友人汇还。费神先謝。

祝暑好。

陳省身

世界著名数学家陈省身为本书写给作者的信

导　读

张景中院士是我国著名数学家、计算机专家，曾任中国科普作家协会理事长。《数学家的眼光》是其科普代表作，该书一问世就受到著名数学家王元、姜伯驹等院士的交口称赞，当代数学泰斗陈省身先生在致张景中院士的信中，对该书表示“甚为欣赏”，并建议“似当译成英文”。该书荣获了“国家科技进步奖”“国家图书奖”等多种奖项。

这本写给中学生阅读的科普著作的确不同凡响。不讲数学理论只讲数学思想，通过列举一些日常生活中的常见事例，经用“数学家的眼光”来审视，往往能提出一些有趣甚至是深刻的问题。跟着书中的指引，一步一步地更上一层楼，将会达到“会当凌绝顶，一览众山小”的境界。

全书分成六个部分：

第一部分“温故知新”谈如何用数学家的眼光探讨、总结前人的成果，选择“好的数学”。牛顿有一句名言：“如果说我比别人看得更远，那是因为我站在巨人的肩膀上。”读了这一部分会使我们了解如何去寻找巨人的肩膀。

这一部分谈了五个问题。

第一个问题“三角形的内角和”指导我们如何从平凡的事实出发，寻找“好数学”发展的方向。“三角形的内角和等于 180°”与“三角形外角和是 360°”，是中学生都熟悉的两个等价命题，但后者抓住了事物的本质，更为有用。它展示了一条广阔的金光大道：

三角形外角和等于 360°→任意 n 边形外角和等于 360°→任何封闭曲线环绕一周方向改变量的代数和为 0°→“高斯—比内—陈公式”→“陈氏类”理论。

这类问题与中学数学的关系也极为密切，例如 1997 年第 3 期的《数学通报》曾经有人撰文指出：当时使用的初中数学教材《几何》第三册中有一道思考题从题目到解法都是错误的，错误的根源就在于对“旋转一周”之类的问题存在错误的理解。

第二个问题“了不起的密率”告诉我们，对前人的重要成果要学会寻根究底，探赜索微。祖冲之计算圆周率精确到小数点后面第 7 位，是中国古代数学的一项伟大的成果。他用 $\frac{355}{113}$ 作为 π 的近似分数，精确度非常好。

但是从数学家的眼光来看，精确度并不是这个分数的唯一功劳。好的近似分数，既要精确，分母最好又不太大。这两个要求是矛盾的。今天人们已经会用“连分数”把 π 值的近似分数一个一个地找出来，发现比 $\frac{355}{113}$ 略为精确一点的下一个近似分数是 $\frac{103\ 993}{33\ 102}$，分母已扩大了约 292 倍。看到这里，你才能体会到为什么祖冲之的成果能在世界上领先一千多年而无人超过。

第三个问题“会说话的图形”讲数形结合。数与形是数学的两大主角：几何直观形象但不易于计算；算术和代数有规有矩，但过于形式化的数字、符号、运算也容易让人舍弃现实背景，陷入数的海洋而不知来龙去脉。我们需要取长补短，需要计算的时候将几何问题转化为代数问题来计算，需要理解的时候将代数内容转化为几何图形来帮助理解，数形结合无疑是数学思考的有效方法。魏晋时期的数学家刘徽说他解答数学题时“析理以辞，解体用图”，就是一种数形结合的方法。今天的中学数学愈发强调数形结合，中学生应该养成数形结合的良好习惯。

第四个问题“从鸡兔同笼谈起”谈到数学家看问题的一个基本方法：从个别到一般，从特殊到普遍。初中生甚至小学生都会列二元一次方程组来解鸡兔同笼问题。让我们展开想象的翅膀，假定某种怪鸡有 a 个头、c 只脚，某种怪兔有 b 个头、d 只脚，那么就转到解一般的二元一次方程组 $\begin{cases}ax+by=A,\\cx+dy=B\end{cases}$ 了。数学教师关心学生知识的迁移，这里的知识迁移是何等自然、何等方便而快捷。

第五个问题“定位的奥妙”是中小学数学教学中的薄弱环节，在教学中常常重视不够，学好这一节对后续的科学记数法、对数等内容的学习有不可或缺的作用。

第二部分“正反辉映”含有四个专题，都带有一定的哲学意味。

任何事物都有正反两个方面，老子说“万物负阴而抱阳”，刘徽说“观阴阳之割裂，总算术之根源”。数学家的眼光，既要看到事物的正面，也要看到事物的反面，善于发现其中相反相成的东西。

“相同与不同”告诉我们，数学家善于异中求同，从许多不同的具体事物中抽象出共同的属性；也善于同中求异，一条线段是否包含两个端点，长度是相同的，但开区间和闭区间的性质却有天渊之别。

“归纳与演绎”是认识世界的两种手段，但是在逻辑上两者的性质有本质的不同。而这在数学家眼中，并不是不可逾越的鸿沟。有时候我们可以用归纳代替演绎而不失逻辑的严密，几何的机械证明，代数恒等式的验证等提供了大量的实例；而在今天的大数据时代，演绎正为归纳提供支持。

关于“精确与误差”，在人们的心目中也许认为，数学中的计算要求绝对精确，物理学中才允许误差。但在数学家看来事实未必如此，有时带有误差的计算告诉了我们绝对精确的信息。

“变化与不变”是数学家最关心的一个问题。世界上的一切事物都在不断地变化，但变化中总有不变的东西，而且往往还是最重要的东西，生物学家关心遗传基因，物理学家关心基本粒子，数学家关心变化中的不变量。数学中有一个叫做不变量的分支，就是研究各种数学问题中的不变量的。在这一节里，作者向我们一一介绍：各种各样的几何学就是根据几何变换中不同的不变量来分类的。

第三部分“巧思妙解”不是一般的解题思想或方法。它可分成两大块。第一块讲数学家从来不满足已有的解题方法，始终放眼于方法的创新。数学家在重视几何图形的选择、平移、反射等变化的同时，眼光立即转向仿射变换和射影变换这两个更有力的工具。“椭圆上的蝴蝶”一节讲仿射变换，“无穷远点在哪里”一节则讲射影变换。

这部分的后面三节“用圆规画线段”“佩多的生锈圆规”“自学青年的贡献”则谈了几何的另一个问题。尺规作图曾经是古典几何学的重要内容，时至今日已经研究得很充分了，是否就已经山重水复了呢？数学家们并没有偃旗息鼓，却考虑了新的问题：如果对尺规的作图功能再加以一些限制又如何呢？从而开辟了几何研究的新课题。我国一位没有考上大学的自学青年花了一年的时间，用代数方法证明了一个使人吃惊的结论。

第四部分“青出于蓝”中，作者用深入浅出的说理、生动活泼的语言，介绍了拓扑学与组合学中的一些有趣的和有用的知识：莫比乌斯带、若当曲线、拉姆赛数、图论、不动点等，琳琅满目，美不胜收。

第五部分“偏题正做”很值得我们注意。今天我们的中学数学教学中有许多理念，诸如“创设情境”“实际问题引入”“发现法教学”“研究性教学”等，这些说法，固然有其道理，但说来容易做来难。做得不好往往弄巧成拙，得不偿失。本书这一部分为许多教学方法提供了良好的范例。

“洗衣服的数学”从日常生活中最平凡的洗衣出发，导出了对无穷数列、数列极值的研究，并由此总结出数学联系实际的一般模式：

一、选择有实际意义的问题。

二、建立数学模型，把实际问题化成数学问题。

三、找寻适当的数学工具来解决问题。

四、把数学上的答案拿到实际中去运用、检验。

“叠砖问题”从生活中的简单现象入手创设情境，引出了著名的级数 $1+\frac{1}{2}+\cdots+\frac{1}{n}+\cdots$，神奇而自然。

“假如地球是空壳”是一个用数学方法解决物理问题的有趣实例。你会想到吗：在深1千米的地下，人的身体所受的引力减少了大约6378分之一。

“地下高速列车”则结合地球、物理知识用数学方法推出了一个使人拍案叫绝的结论：从地球上任意两个地方，设想铺了一条笔直的地下铁路，可以精确地算出，这种假想的地下快车运行时间是一个常数。而推出这一令人难以想象的结论所用的知识，竟然都是一般中学生所能掌握的。

最后的“见微知著”是本书极为出彩的部分。学习过微积分的人大概都不会忘记，在学习极限理论时，难懂的“ε－δ”语言所带来的困扰。不用极限能建立导数的概念吗？150多年来，人们普遍认为，不用极限概念就不能定义函数的导数，也就不能严谨地讲述微积分。本书作者多年来致力于教育数学的研究，希望用最明白易懂但又不失严谨的方法教给学生数学。不用极限而又不失严谨地建立导数概念，是作者首攻的目标。他成功了，也是他倡导的教育数学初试锋芒就取得的重大成就，并赢得了数学界的祝贺和赞美。

作者在本部分回忆了前人建立微积分理论的艰苦历程，并简述了他不用极限而建立导数概念的新方法，以及由此在微积分中连带而来的新成果。将学习微积分的高中生们完全能读懂它，这或许比过去大学理科生学习微积分要来得轻松愉快。

《数学家的眼光》笔调轻松，看似漫谈，实则渗透数学家一以贯之的精辟数学观和高超方法论，是我国数学科普创作的一大飞跃。它就像一个精致的超市，陈列的商品不只是鲜花和水果，更多的是优良的种子，它将使你“种瓜得瓜，种豆得豆”，并终身受益。

目　录

温故知新

三角形的内角和

美籍华人陈省身教授是当代举世闻名的数学家，他十分关心祖国数学科学的发展。人们称赞他是“中国青年数学学子的总教练”。

1980 年，陈教授在北京大学的一次讲学中语惊四座：

“人们常说，三角形内角和等于 180°。但是，这是不对的!”。

大家愕然。怎么回事？三角形内角和是 180°，这不是数学常识吗？

接着，这位老教授对大家的疑问作了精辟的解答：

说“三角形内角和为 180°”不对，不是说这个事实不对，而是说这种看问题的方法不对，应当说“三角形外角和是 360°”!

把眼光盯住内角，只能看到：

三角形内角和是 180°；

四边形内角和是 360°；

五边形内角和是 540°；

……

n 边形内角和是（$n-2$）×180°。

这就找到了一个计算内角和的公式。公式里出现了边数 n。

如果看外角呢？

三角形的外角和是 360°；

四边形的外角和是 360°；

五边形的外角和是 360°；

……

任意 n 边形外角和都是 360°。

这就把多种情形用一个十分简单的结论概括起来了。用一个与 n 无关的常数代替了与 n 有关的公式，找到了更一般的规律。

设想一只蚂蚁在多边形的边界上绕圈子（图 1－1）。每经过一个顶点，它前进的方向就要改变一次，改变的角度恰好是这个顶点处的外角。爬了一圈，回到原处，方向和出发时一致了，角度改变量之和当然恰好是 360°。

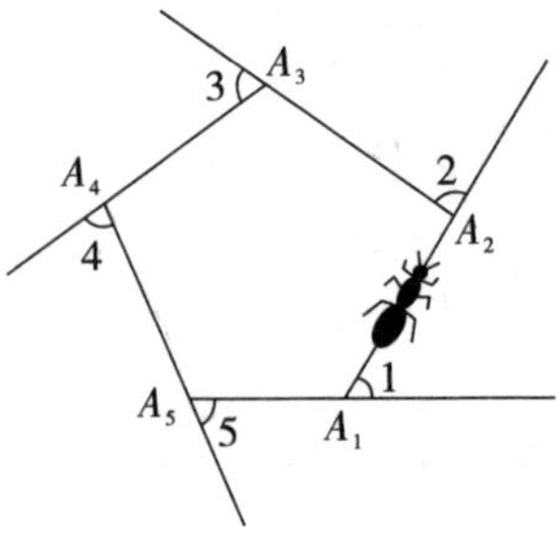

图 1-1

这样看问题，不但给“多边形外角和等于 360°”这条普遍规律找到了直观上的解释，而且立刻把我们的眼光引向了更宽广的天地。

一条凸的闭曲线——卵形线，谈不上什么内角和与外角和。可是蚂蚁在上面爬的时候，它的方向也在时时改变。它爬一圈，角度改变量之和仍是 360°（图 1-2）。

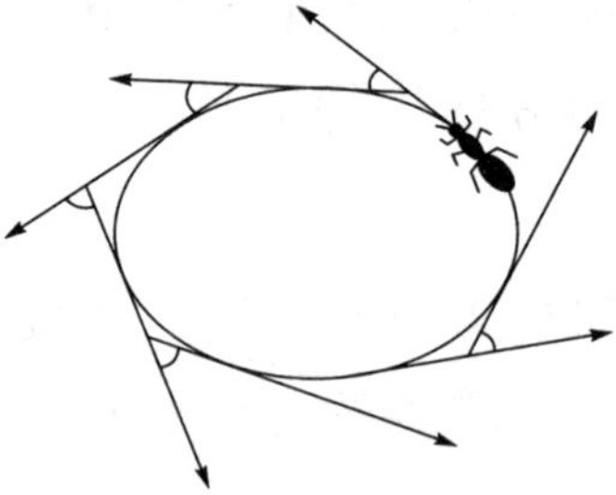

图 1-2

“外角和为 360°”，这条规律适用于封闭曲线！不过，叙述起来，要用“方向改变量之和”来代替“外角和”罢了。

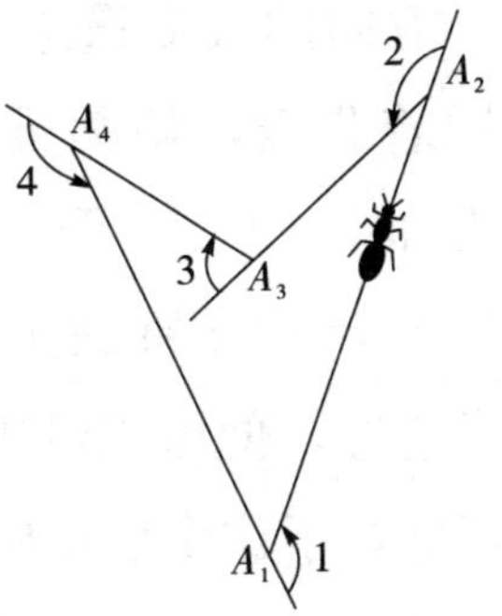

图 1－3

对于凹多边形，就要把“方向改变量总和”改为“方向改变量的代数和”（图 1－3）。不妨约定：逆时针旋转的角为正角，顺时针旋转的角为负角。当蚂蚁在图示的凹四边形的边界上爬行的时候，在 A_1、A_2、A_4 处，由方向的改变所成的角是正角：∠1、∠2、∠4；而在 A_3 处，由方向的改变所成的角是负角：∠3。如果你细细计算一下，这 4 个角正负相抵，代数和恰是 360°。

上面说的都是平面上的情形，曲面上的情形又是怎样呢？地球是圆的。如果你沿着赤道一直向前走，可以绕地球一圈回到原地。但在地面上测量你前进的方向，却是任何时刻都没有变化。也就是说：你绕赤道一周，方向改变量总和是 0°！

圈子小一点，你在房间里走一圈，方向改变量看来仍是 360°。

不大不小的圈子又怎么样呢？如果让蚂蚁沿着地球仪上的北回归线绕一圈，它自己感到的（也就是在地球仪表面上测量到的）方向的改变量应当是多少呢？

用一个圆锥面罩着北极，使圆锥面与地球仪表面相切的点的轨迹恰好是北回归线（图 1－4）。这样，蚂蚁在球面上的方向的改变量和在锥面上方向的改变量是一样的。把锥面展开成扇形，便可以看出，蚂蚁绕一圈，方向改变量的总和，正好等于这个扇形的圆心角（图 1－5）：

$$\theta=\frac{180^\circ}{\pi}\times\frac{2\pi r}{l}=\frac{180^\circ}{\pi}\times\frac{2\pi l\sin 23.5^\circ}{l}$$

$\approx 143.5^\circ$（圆锥侧面展开成扇形的圆心角 $\theta=\frac{2\pi r}{l}$）。

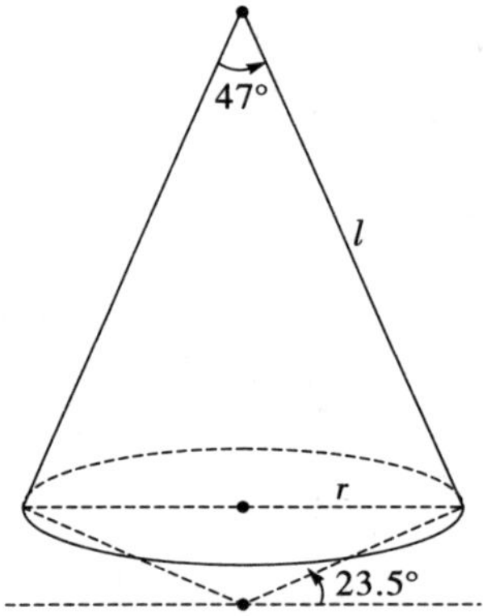

图 1－4

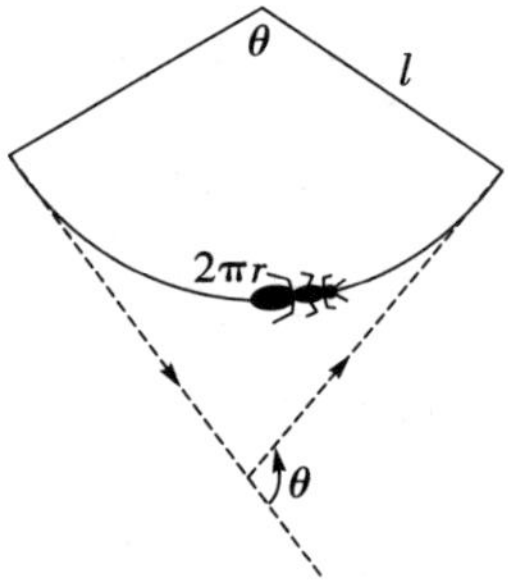

图 1－5

要弄清这里面的奥妙，不妨看看蚂蚁在金字塔上沿正方形爬一周的情形（图 1－6）。它的方向在拐角处改变了多大角度？把金字塔表面摊平了一看便知：在 B 处改变量是 $180^\circ-(\angle 1+\angle 2)$；绕一圈，改变量是

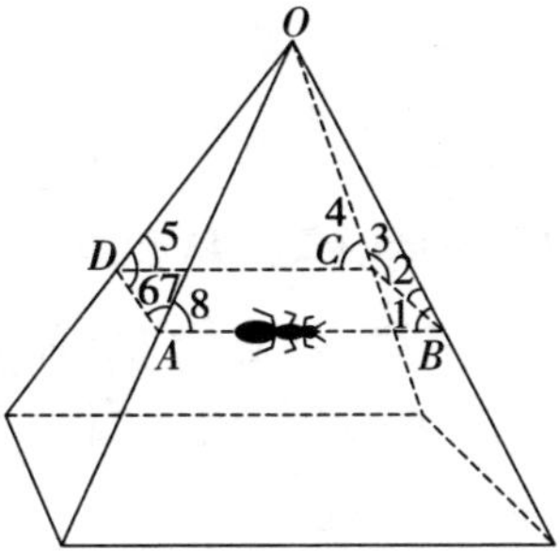

图 1－6

$4\times180°-(\angle1+\angle2+\angle3+\angle4+\angle5+\angle6+\angle7+\angle8)=\angle AOB+\angle BOC+\angle COD+\angle DOA$。

这个和，正是锥面展开后的“扇形角”（图 1－7）！

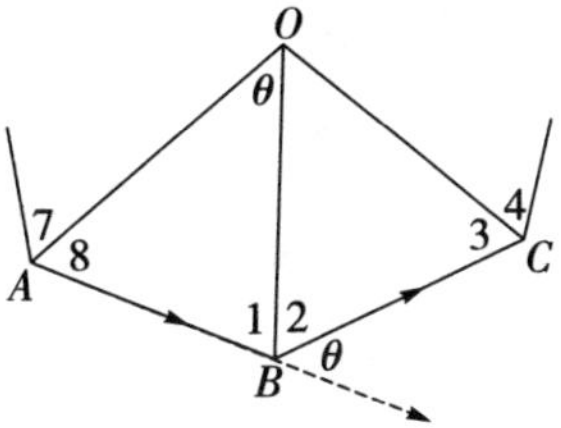

图 1－7

早在 2000 多年前，欧几里得时代，人们就已经知道三角形内角和是 180°。到了 19 世纪，德国数学家、被称为“数学之王”的高斯，在对大地测量的研究中，找到了球面上由大圆弧构成的三角形内角和的公式。又经过几代数学家的努力，直到 1944 年，陈省身教授找到了一般曲面上封闭曲线方向改变量总和的公式（高斯—比内—陈公式），把几何学引入了新的天地。由此发展出来的“陈氏类"理论，被誉为划时代的贡献，在理论物理学上有重要的应用。

从普通的、众所周知的事实出发，步步深入、推广，挖掘出广泛适用的深刻规律。从这里显示出数学家透彻、犀利的目光，也表现了数学家穷追不舍、孜孜以求的探索真理的精神。

了不起的密率

提起中国古代的数学成就，都会想起南北朝时期的祖冲之。提起祖冲之，大家最熟悉的是他在计算圆周率 π 方面的杰出贡献，他推算出：

$$3.1415926 < \pi < 3.1415927。$$

他是世界上第一个把 π 值准确计算到小数点后第七位的人。

祖冲之还提出用 $\frac{355}{113}$ 作为 π 的近似分数。人们早一些时候已经知道 π 的一个近似分数是 $\frac{22}{7}$，但误差较大。祖冲之把 $\frac{22}{7}$ 叫“约率”，把 $\frac{355}{113}$ 叫“密率”。$\frac{355}{113}$ 传到了日本，日本人把它叫“祖率”。

很多人都知道用 $\frac{355}{113}$ 表示 π 的近似值是一项了不起的贡献。但是，它的妙处，却有不少人说不出来，或者说不全。

首先，它相当精确：

$$\frac{355}{113}=3.141\ 592\ 920\ 35\cdots,$$

而

$$\pi=3.141\ 592\ 653\ 589\ 7\cdots,$$

所以，误差不超过 0.000 000 267。也就是说：

$$\left|\frac{355}{113}-\pi\right|<0.000\ 000\ 267。$$

也许你觉得，精确固然好，但精确并不是$\frac{355}{113}$的独自的功劳。只要把 π 算得精确了，用个分数代表 π 还不容易吗？比方说，祖冲之既然把 π 算到小数点后 7 位，那么自然可以用分数

$$\frac{314\ 159\ 265}{100\ 000\ 000}=\frac{62\ 831\ 853}{20\ 000\ 000}=3.141\ 592\ 65$$

来作为 π 的近似值，误差不超过 0.000 000 005，岂不更精确？

但是，这个分数的分母比 113 大得多。分母大了，就不便写、不便记。

在数学家看来，好的近似分数，既要精确，分母最好又不太大。这两个要求是矛盾的。于是就要定下分子和分母怎么比法。

我们不妨看看分母大小相同的时候，谁更精确一点。这有点像举重比赛，按运动员的体重来分级：轻量级和

轻量级比，重量级和重量级比。这样一比，$\frac{355}{113}$的好处就显出来了。

如果你再耐着性子算一算，就又会发现：在所有分母不超过 113 的分数当中，和 π 最接近的分数就是$\frac{355}{113}$。所以，人们把它叫做 π 的一个“最佳近似分数”。

如果允许分母再大一些，允许分母是一个 3 位数，能不能找到比$\frac{355}{113}$更接近 π 的分数呢？答案仍然是否定的：任何一个分母小于 1 000 的分数，不会比$\frac{355}{113}$更接近 π。

再放宽一点，分母是 4 位数呢？使人惊奇的是，在所有分母不超过 10 000 的分数当中，仍找不到比$\frac{355}{113}$更接近 π 的分数。

事实上，在所有分母不超过 16 500 的分数当中，要问谁最接近 π，$\frac{355}{113}$是当之无愧的冠军！祖冲之的密率之妙，该令人叹服了吧！

也许你会问：有谁一个一个地试过？如果没试过，这冠军是如何产生的呢？

数学家看问题，有时候虽然也要一个一个地检查，但更多的是从逻辑上推断，一览无遗地弄个明明白白。

要说明分母不超过 16 500 的分数不会比$\frac{355}{113}$更接近 π，道理并不难：

已经知道 $\pi=3.141\ 592\ 653\ 589\ 7\cdots$，而$\frac{355}{113}=3.141\ 592\ 920\ 35\cdots$，所以

$$0<\frac{355}{113}-\pi<0.000\ 000\ 266\ 77。 \qquad (1)$$

如果有一个分数$\frac{q}{p}$比$\frac{355}{113}$更接近 π，一定有

$$-0.000\ 000\ 266\ 77<\pi-\frac{q}{p}<0.000\ 000\ 266\ 77。 \qquad (2)$$

把（1）与（2）相加，得到

$$-0.000\ 000\ 266\ 77<\frac{355}{113}-\frac{q}{p}<2\times 0.000\ 000\ 266\ 77。 \qquad (3)$$

由（3），可得

$$\left|\frac{355}{113}-\frac{q}{p}\right|=\frac{|355p-113q|}{113p}<2\times 0.000\ 000\ 266\ 77。 \qquad (4)$$

因为$\frac{q}{p}$和$\frac{355}{113}$不等，故 $|355p-113q|>0$，但又因 p、q 都是整数，故 $|355p-113q|\geqslant 1$。于是

$$\frac{1}{113p}\leqslant\frac{|355p-113q|}{113p}<2\times 0.000\ 000\ 266\ 77。 \qquad (5)$$

把不等式中的 p 解出来，得

$$p>\frac{1}{113\times 2\times 0.000\,000\,266\,77}>16\,586, \tag{6}$$

这表明，若$\frac{q}{p}$比$\frac{355}{113}$更接近 π，分母 p 一定要比 16 586 还大。

具体地说，比$\frac{355}{113}$更接近 π 的分数当中，分母最小的是

$$\frac{52\,163}{16\,604}=3.141\,592\,387\cdots, \tag{7}$$

它比$\frac{355}{113}$略强一点，但分母却大了上百倍。

祖冲之的眼光真锐利。他从这么多分数当中找出了既精确又简单的密率。

祖冲之用什么方法计算 π，又怎么找出了$\frac{355}{113}$，这已经无法查考了。现在，人们已经会用“连分数”展开法，根据 π 值把它的一系列最好的近似分数找出来。方法如下：

设
$$\pi=3+0.141\,592\,653\cdots=3+a_1, \tag{8}$$

则
$$\frac{1}{a_1}=\frac{1}{0.141\,592\,653\cdots}=7.062\,513\,305\cdots=7+a_2。 \tag{9}$$

把（9）代入（8），可得 $\pi=3+\frac{1}{7+a_2}$，略去 a_2，得

$$\pi\approx 3+\frac{1}{7}=\frac{22}{7}=3.142\,8\cdots。 \tag{10}$$

再求出

$$\frac{1}{a_2}=15.996\ 594\ 54\cdots=15+a_3, \tag{11}$$

又得到

$$\pi=3+\frac{1}{7+a_2}=3+\cfrac{1}{7+\cfrac{1}{15+a_3}}, \tag{12}$$

如果略去 a_3，得到

$$\pi=3+\cfrac{1}{7+\cfrac{1}{15}}=3+\frac{15}{106}=\frac{333}{106}=3.141\ 509\cdots。\tag{13}$$

再利用（11）求出$\frac{1}{a_3}=1.003\ 417\ 097\cdots=1+a_4$，代入（12）并略去 a_4，便得到了祖冲之的$\frac{355}{113}$。如果想再算准一点，可以求出 $a_4=292+a_5$，得到 π 的更精确的近似分数$\frac{103\ 993}{33\ 102}$。

附带提一句，$\frac{355}{113}$是很容易记住的。只要把 113 355 一分为二，便是它的分母与分子了。

但是，祖冲之究竟用什么办法把 π 算到小数点后第七位，又是怎样找到既精确又方便的近似值$\frac{355}{113}$的呢？这是至今仍使人感到困惑的一个谜。

会说话的图形

在数学家眼里，很多事物里包含着数学。“大漠孤烟直，长河落日圆”，画家也许据此创作一幅寥廓苍凉的塞外黄昏景象，但数学家看来，说不定会想起一根垂直于平面的直线，一个切于直线的圆呢！

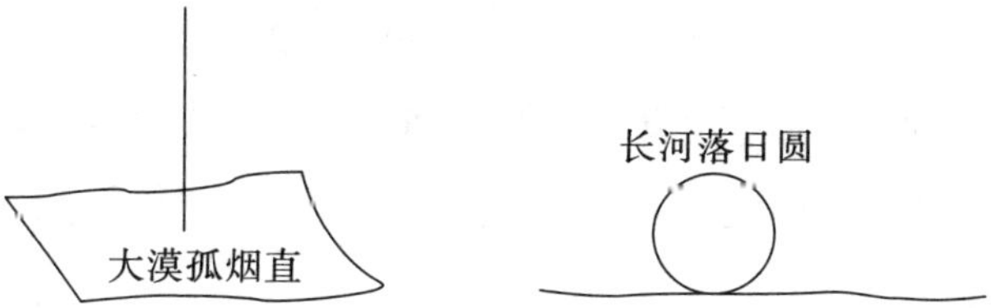

这么说，是不是在数学家眼里，事物都变得简简单单的、干巴巴的，失去了丰富的内容了呢？

也不见得。有些在大家看来简简单单的图形，在数学家眼里，却是丰富多彩的。它会告诉数学家不少信息，当然，用的是数学的语言。你如果学会用数学的眼光看它，便也能听懂它的无声的语言。

一个长方形被十字分成四个长方形。大长方形面积是 $(a+b)(c+d)$，四个小长方形的面积分别是 ac、bc、ad、bd，于是，它告诉我们（图 1－8）：

$$(a+b)(c+d)=ac+bc+ad+bd。$$

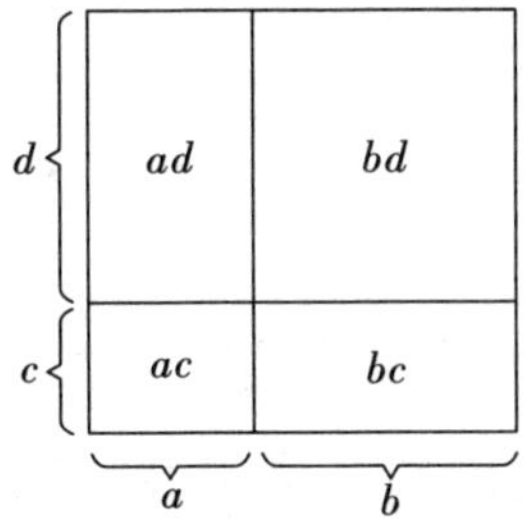

图 1－8

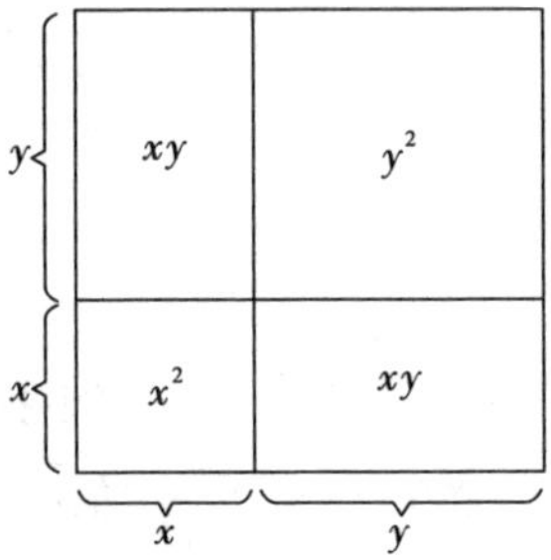

图 1－9

还是这么个方块图，按图 1－9 那么一划分，便成了

$$(x+y)^2=x^2+2xy+y^2。$$

如果按图 1－10 那样添条斜线，并且给 x 和 y 以新的意义，则从大正方形去掉小正方形后，剩下两个梯形。梯形面积各是$\frac{1}{2}(x-y)(x+y)$，于是，它告诉我们又一个公式：

$$x^2-y^2=(x-y)(x+y)。$$

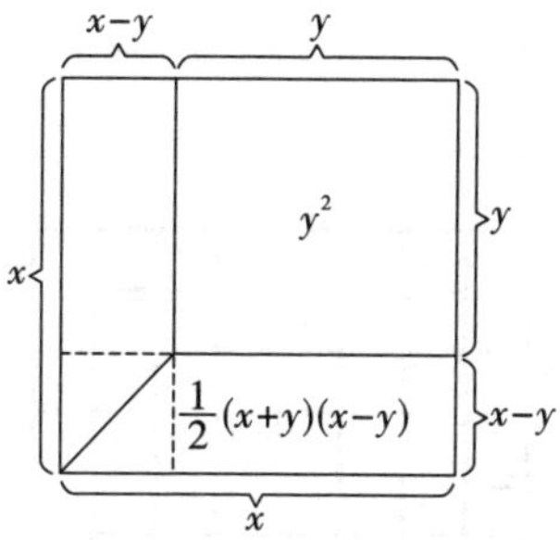

图 1 - 10

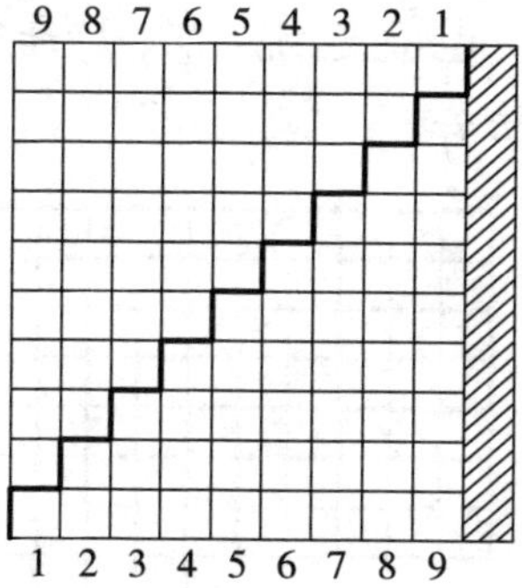

图 1 - 11

也许你觉得这都太简单了。那么，图 1 - 11 告诉我们的信息就更多些：

$1+2+3+4+5+6+7+8+9+9+8+7+6+5+4+3+2+1=10+10+10+10+10+10+10+10+10=90$。

图 1 - 11 告诉我们的不是公式，而是一种方法。用这种方法，不但可以计算若干个连续自然数之和，还可以计算诸如下列形式的和：

$2+4+6+8+\cdots+100=?$

$7+10+13+16+19+22+25+28+31+34=?$

如果按图 1 - 12 那样划分，更为有趣。它表明

$1+3=4=2^2$

$1+3+5=9=3^2$

$1+3+5+7=4^2$

$1+3+5+7+9=5^2$

$1+3+5+7+9+11=6^2$

…

也就是说：从 1 开始，n 个连续奇数之和恰好是 n 的平方！

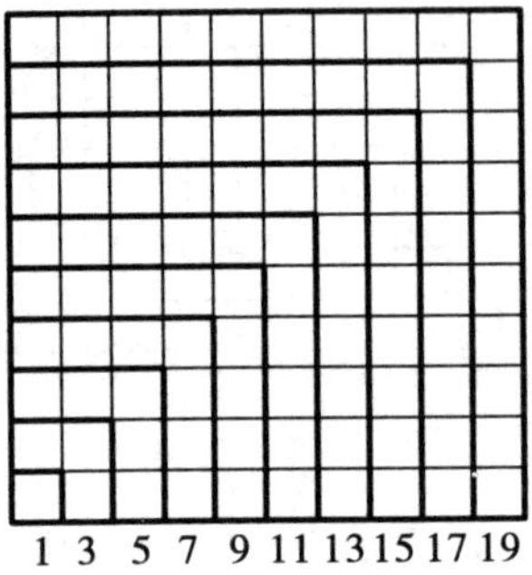

图 1 - 12

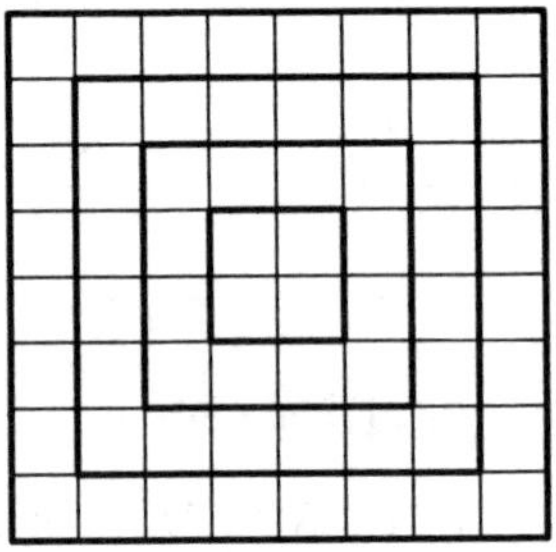
图 1 - 13

当然，也可以由中央向四周发展，就成了（图 1 - 13）：

$4+12=16=4^2$

$4+12+20=36=6^2$

$4+12+20+28=64=8^2$

…

如果从一个小方格出发向四周算，则得到：

$1+8=9=3^2$

$1+8+16=25=5^2$

$1+8+16+24=49=7^2$

$1+8+16+24+32=81=9^2$

$1+8+16+24+32+40=121=11^2$

…

又是一套规律！

画方块图还能给我们提供不等式。如图 1－14 那样，就表明：

$$(x+y)^2=4xy+(x-y)^2,$$

所以，

$$(x+y)^2\geqslant 4xy,$$

当 $x=y$ 时，两端相等。

如果如图 1－14 那样连上几条斜的虚线，虚线长度记作 z，看看虚线围成的正方形，得到

$$z^2=4\times\frac{xy}{2}+(x-y)^2=x^2+y^2。$$

这不是勾股定理吗？

图 1－14 提供了我国古代证明勾股定理的方法之一。在欧洲，毕达哥拉斯发现勾股定理，据说也是从铺方砖的地面上看出来的（图 1－15）。

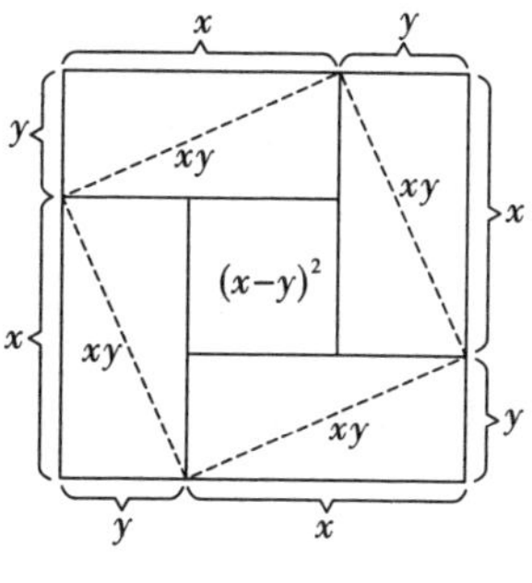

图 1－14

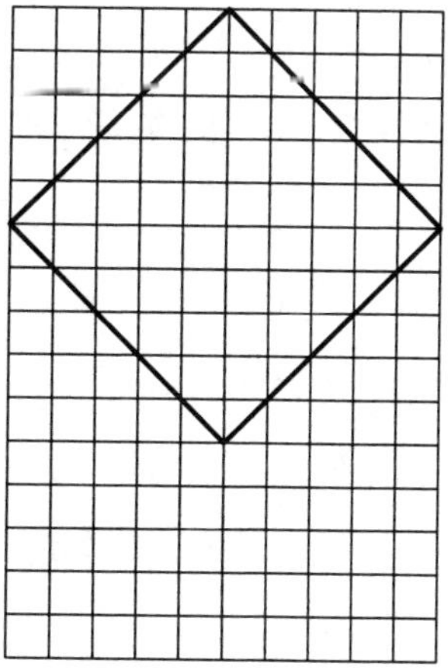

图 1－15

简单的图形可以告诉我们相当复杂的等式。图 1-16 画出了两个一样的台阶形，只是因为分割法不同，表达式也就不同了。左图分成竖条，算一算总面积是

$$a_1b_1+a_2b_2+a_3b_3+a_4b_4+a_5b_5。$$

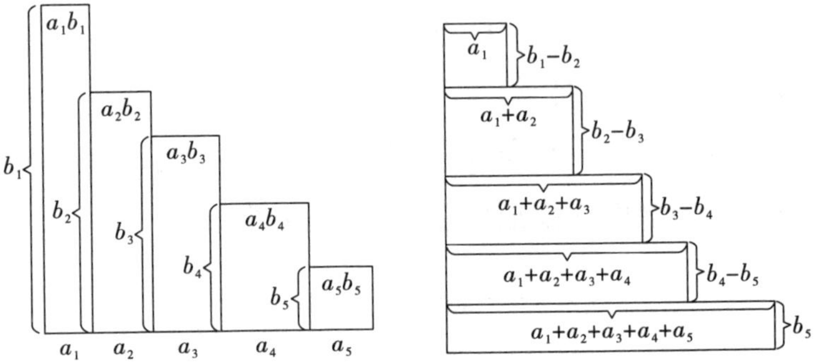

图 1-16

右图分成横条，总面积是

$$a_1(b_1-b_2)+(a_1+a_2)(b_2-b_3)+(a_1+a_2+a_3)(b_3-b_4)+(a_1+a_2+a_3+a_4)(b_4-b_5)+(a_1+a_2+a_3+a_4+a_5)b_5。$$

这就有了一个恒等式：

$$a_1b_1+a_2b_2+a_3b_3+a_4b_4+a_5b_5=a_1(b_1-b_2)+(a_1+a_2)\cdot(b_2-b_3)+(a_1+a_2+a_3)(b_3-b_4)+(a_1+a_2+a_3+a_4)\cdot(b_4-b_5)+(a_1+a_2+a_3+a_4+a_5)b_5,$$

这叫做阿贝尔公式，在高等数学里非常有用。当然，这里的 5 层台阶可以换成 6 层、7 层以至 n 层。

方块图形会说话，三角形呢？

三角形也会说话。不过也许更难懂一点，需要翻译

一下。

你看，图 1 - 17 是个等腰三角形，顶角为 2α，两腰为 c。它的面积应当是 $\frac{1}{2}c^2\sin 2\alpha$。可是，它的底为 $2c\sin\alpha$，高

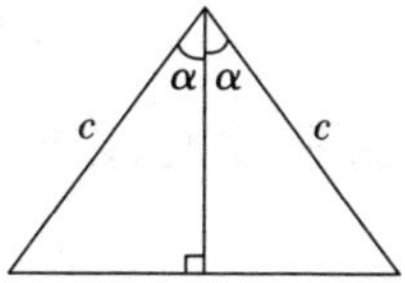

图 1 - 17

为 $c\cos\alpha$，所以面积又应当是 $\frac{1}{2}\times 2c\sin\alpha\times c\cos\alpha=c^2\sin\alpha\cos\alpha$。这就有了：

$$\frac{1}{2}c^2\sin 2\alpha=c^2\sin\alpha\cos\alpha,$$

从而得到 $\sin 2\alpha=2\sin\alpha\cos\alpha$，这是三角公式里非常有用的二倍角正弦公式！

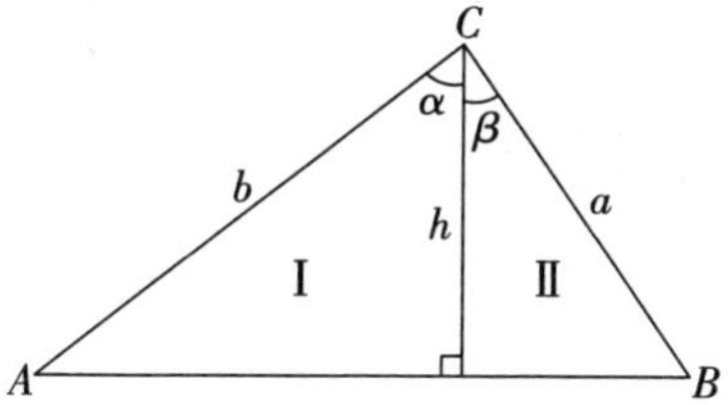

图 1 - 18

如果把图 1 - 17 变成更一般的三角形，像图 1 - 18 那样，它会告诉我们更一般的三角公式。因为

$$S_{\triangle ABC}=S_{\triangle \mathrm{I}}+S_{\triangle \mathrm{II}},$$

所以

$$\frac{1}{2}ab\sin(\alpha+\beta)=\frac{1}{2}bh\sin\alpha+\frac{1}{2}ah\sin\beta。$$

两端都用 $\frac{1}{2}ab$ 除，再利用 $\cos\alpha=\frac{h}{b}$，$\cos\beta=\frac{h}{a}$，上式便

成了：

$$\sin(\alpha+\beta)=\sin\alpha\cos\beta+\cos\alpha\sin\beta。$$

这是顶有用的三角恒等式——正弦加法定理。

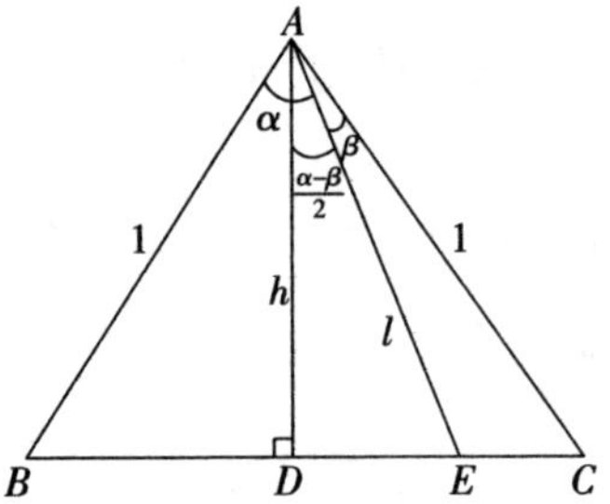

图 1－19

图 1－19 从另一个角度研究了图 1－17。因为

$$S_{\triangle ABE}=\frac{1}{2}\times1\times l\times\sin\alpha=\frac{l}{2}\sin\alpha,$$

$$S_{\triangle ACE}=\frac{1}{2}\times1\times l\times\sin\beta=\frac{l}{2}\sin\beta,$$

且

$h=l\cos\frac{\alpha-\beta}{2}$，$\left(因为\angle DAC=\angle BAD=\frac{\alpha+\beta}{2}，所以\right.$

$\left.\angle DAE=\frac{\alpha+\beta}{2}-\beta=\frac{\alpha-\beta}{2}\right)$

$$BD=\sin\frac{\alpha+\beta}{2}\left(因为\ \angle BAD=\frac{\alpha+\beta}{2}\right)。$$

根据 $S_{\triangle ABE}+S_{\triangle ACE}=S_{\triangle ABC}$，便有

$$\frac{l}{2}\sin\alpha+\frac{l}{2}\sin\beta=l\sin\frac{\alpha+\beta}{2}\cos\frac{\alpha-\beta}{2}。$$

化简可得

$$\sin\alpha+\sin\beta=2\sin\frac{\alpha+\beta}{2}\cos\frac{\alpha-\beta}{2}$$

这不是有名的和化积公式吗?

三角形也能帮助我们找到某些不等式。例如，图 1－20 中，三个小三角形$\triangle OAB$、$\triangle OBC$、$\triangle OCD$ 的面积之和大于直角三角形 OAD 的面积，这不是在告诉我们，如果三个正角 α、β、γ 之和为 90°，必有

$$\sin\alpha+\sin\beta+\sin\gamma>1$$

吗?

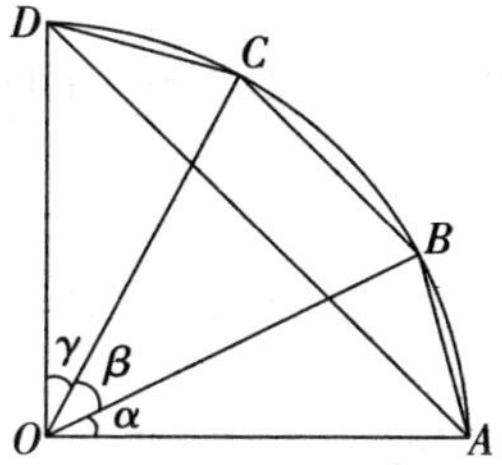

图 1－20

从鸡兔同笼谈起

从个别想到一般，从特殊想到普遍，是数学家看问题的基本方法。

知道了 $4+5=5+4$，又知道了 $8+7=7+8$，就要想到加法交换律，想到 $a+b=b+a$。

会解方程 $3x+2=0$ 了，就要想到方程 $ax+b=0$ 怎么解。一次方程会解了，就要想到二次方程、三次方程怎么解。

知道了三角形内角和是 180°，就要想四边形、五边形、六边形内角和是多少。

知道了鸡会生蛋，就要想鸭子会不会生蛋，麻雀会不会生蛋，进而想到鸟类都会生蛋。

解决特殊问题，常常用特殊的方法。解决一般问题，常常用一般的方法。一般方法可以用来解特殊问题。但是，解特殊问题的特殊方法，有时也能够化出一般的方法来。

就拿“鸡兔同笼"来说吧：鸡兔共有 17 个头，50 只脚，问有多少鸡？多少兔？

列方程太容易了。设鸡 x 只，兔 y 只。

$$\begin{cases}x+y=17\\2x+4y=50\end{cases}$$

马上解出 $x=9$，$y=8$。

你还记得小学里是怎么解这个题的吗？思考过程是：如果 17 只都是鸡，应当有 34 只脚。现在有 50 只脚，比 34 只多 16 只，是因为有兔。有一只兔，多两只脚，多少兔才多 16 只脚呢？当然是 8 只了。这么一分析，公式便出来了：

$$兔数=\frac{脚数-2\times头数}{2}。$$

学会列方程解方程之后，也许你已经把这种十分原始的思考方法抛于脑后了吧。现在，让我们旧事重提，看看这种思考方法能不能在解决更一般的问题时帮帮我们的忙。

方程能帮我们解应用题。现在，反过来，应用题也能帮我们解方程。

比如这个方程组：

$$\begin{cases}9x+2y=37\\5x+7y=50\end{cases}$$

能不能用“鸡兔同笼”的思考方法来解呢？

让我们展开想象的翅膀，把这个方程组化成应用题：某种怪鸡 x 只，怪兔 y 只。每只怪鸡有 9 头 5 足，每只怪兔有 2 头 7 足。它们共有头 37 个，足 50 只。问怪鸡怪兔各几只？

鸡和兔虽怪，思考的方法却不怪。如果 37 个头都属于怪鸡，怪鸡应有 $\frac{37}{9}$ 只。每只怪鸡 5 只足，应当有足 $\frac{37}{9}\times5=\frac{185}{9}=20\frac{5}{9}$ 只。现在有 50 只足，多了 $50-20\frac{5}{9}=29\frac{4}{9}$，是因为有怪兔在作怪，把一个鸡头换成兔头，足数会增加 $\frac{7}{2}-\frac{5}{9}=\frac{53}{18}$ 只。有多少个兔头才会增加 $29\frac{4}{9}$ 只足呢？只要除一下就能得出，$29\frac{4}{9}\div\frac{53}{18}=10$，可见有 10 个兔头，27 个鸡头。所以兔 5 只，鸡 3 只，即 $x=3$，$y=5$。方程解出来了。

如果你嫌这里的兔和鸡太怪，不妨来个代换：$9x=u$，$2y=v$，方程化为

$$\begin{cases}u+v=37\\ \frac{5}{9}u+\frac{7}{2}v=50\Rightarrow 10u+63v=900\end{cases}$$

这么一来，“鸡”与“兔”比刚才正常一点儿，不那么怪了。“鸡” u 只，“兔” v 只，都是一个头，但每只“鸡”有 10 只脚，“兔”有 63 只脚！如果 37 只都是“鸡”，应

有 370 只脚。现在有 900 只脚，多了 530 只，是因为有“兔”。把一只“鸡"换成一只“兔"，要增加 53 只脚，现在要加 530 只脚，当然应当有 10 只“兔”了。于是，$v=10$，$u=27$；$x=3$，$y=5$。

把这种思路更一般化，还能解字母系数的二元方程组呢。

给了方程组：

$$\begin{cases} ax+by=A \\ cx+dy=B \end{cases}$$

用代换 $ax=u$，$by=v$ 之后，变成

$$\begin{cases} u+v=A \\ \dfrac{c}{a}u+\dfrac{d}{b}v=B \Rightarrow (bc)u+(ad)v=abB \end{cases}$$

设 u 是某种“鸡”数，v 是某种“兔”数。每只“鸡”有 bc 只脚，每只“兔”有 ad 只脚。如果 A 个头都是“鸡”，则应当有 bcA 只脚；实际上是 abB 只脚，差额（$abB-bcA$）是因为有“兔”而产生的。每多一只“兔”，脚的改变量为（$ad-bc$）只，故兔数应为

$$v=\frac{abB-bcA}{ad-bc}=\frac{aB-cA}{ad-bc}\cdot b,$$

于是

$$u=A-v=A-\frac{abB-bcA}{ad-bc}=\frac{dA-bB}{ad-bc}\cdot a。$$

再回顾一下所设的代换 $ax=u$，$by=v$，便得到了二元一

次方程组

$$\begin{cases} ax+by=A \\ ca+dy=B \end{cases}$$

的一般求解公式是

$$\begin{cases} x=\dfrac{dA-bB}{ad-bc} \\ y=\dfrac{aB-cA}{ad-bc} \end{cases}$$

为了便于掌握这组求根公式，数学里特别引进一个记号，叫做“行列式”：

$$\begin{vmatrix} a & b \\ c & d \end{vmatrix}=ad-bc。$$

这就是说，上式左端把 a、b、c、d 4 个数排成两列，两边画上竖线，就表示 $ad-bc$ 这个式子的值。如：

$$\begin{vmatrix} 3 & 7 \\ -1 & 2 \end{vmatrix}=3\times2-(-1)\times7=13,$$

$$\begin{vmatrix} 4 & 8 \\ 5 & 3 \end{vmatrix}=4\times3-5\times8=-28。$$

有了行列式记号，二元一次方程组的解的公式便变成了

$$x=\frac{\begin{vmatrix} A & b \\ B & d \end{vmatrix}}{\begin{vmatrix} a & b \\ c & d \end{vmatrix}},\quad y=\frac{\begin{vmatrix} a & A \\ c & B \end{vmatrix}}{\begin{vmatrix} a & b \\ c & d \end{vmatrix}}。$$

和原方程组的系数位置对比一下，很容易记住这个公式。

当然你会进一步问，三元一次方程组有没有求解公式呢?

也有，而且也可以用行列式表示。

至于四元、五元、六元，以至 n 元一次方程组，也都有行列式解法。一般的 n 阶行列式的定义和理论，是高等代数里的重要内容呢。

遇到一个特殊问题，想想它的一般情形是什么；掌握了一个解个别问题的方法，想想它能不能用来解别的更一般的问题：这是学数学时应当常常注意运用的一种思考方法。

定位的奥妙

有些东西，你早已学过，也早已明白了。不过，如果你能寻根究底问一问，也许还会有新的收获。

比如说带小数点的数的乘法吧。

$$3.7\times4.3=?$$

你当然会。先不管小数点，当成整数来乘：37×43=1 591。再看 3.7，小数点后有 1 位，4.3 的小数点后也有 1 位，一共是 2 位，所以答案应当是 15.91。

这是笔算。如果用珠算，又有珠算的定位方法。用对数表或计算尺计算，也各有不同的定位方法。

数学家看问题，总想找一般规律。两数相乘，积的位数是什么样子，这是客观存在的。它不依赖于笔算、珠算、对数表或计算尺。既然如此，就应该有一个不依赖于计算方法或计算工具的定位规律。找到了规律，也就有了方法。

找规律，要从简单的例子开始。3 是 1 位数，4 也是 1 位数，$3\times4=12$。12 是 2 位数。是不是说 1 位数乘 1 位数就得 2 位数呢？也不尽然，$2\times3=6$，这里 1 位数乘 1 位数得 1 位数。

但是，1 位乘 1 位总得不出 3 位数。因为 1 位数小于 10，两个小于 10 的数相乘总不会大于等于 100 吧。1 位乘 1 位，至少是 1 位数。这么一分析就知道，1 位乘 1 位，积是 1 位或 2 位。

什么时候是 1 位？什么时候是 2 位？仔细观察这两个式子：

$$3\times4=12,$$

$$3\times2=6。$$

前一个式子里，右端的最高位数 1 比 3 小，比 4 也小。后一个式子里，6 比 3、比 2 都大。这启发我们提出一个猜想：如果积是 1 位数，积的数字比乘数大；如果积是 2 位数，积的最高位上的数字比乘数小。

这道理倒也不难弄懂。比如，5×6 得到的积，如果十位上数字不小于 6，岂不是 $5\times6\geqslant60$，因而 $5\geqslant10$ 了吗？

想通了，不等于问题解决了。还需要用准确的语言把规律表达清楚，并且严谨地加以证明。比方说，3 是 1 位数，28 是 2 位数，3.5 是几位数？0.04 又是几位数？这就要规定一个术语——什么叫做一个数的“位数”。

我们规定，如果 $10^{n-1}\leqslant x<10^{n}$，就说 x 是 n 位数。这时，$1\leqslant\frac{x}{10^{n-1}}<10$，取 $y=\frac{x}{10^{n-1}}$，则 x 可以写成

$$x=y\times10^{n-1}\ （n \text{是任意整数}）$$

的形式，而 y 满足 $1\leqslant y<10$。这种表示数的方法，叫做“科学记数法”。例如，32.04，25，17.8 都是 2 位数，其科学记数法的表示分别是

$$3.204\times10，2.5\times10，1.78\times10。$$

而 0.000 17，0.000 203 3，0.000 9 都是 −3 位数。其科学记数法的表示分别是

$$1.7\times10^{-4}，2.033\times10^{-4}，9\times10^{-4}。$$

而 0.33、0.807 则是 0 位数，其科学记数法的表示分别是 3.3×10^{-1}，8.07×10^{-1}。

看一个数是几位数是容易的。大于 1 的数，小数点左面有几位便是几位数。小于 1 的数，第一位有效数字与小数点之间有几个 0，就是负几位数；没 0，是 0 位数。

规定了位数之后，还要规定一种“数字大小比较法”。设 A 的科学记数法的表示是 $A=a\times10^{n-1}$，B 的科学记数法的表示是 $B=b\times10^{m-1}$，如果 $a>b$，就说 A 的数字比 B 的数字大。例如：0.004 8 的数字比 371.4 大，因为 $4.8>3.714$；7.4 的数字比 738 大，因为 $7.4>7.38$。

现在可以把规律表述出来了：

乘法定位一般规则： 若 $A\times B=C$，当 C 的数字比 A（或 B）的数字小时，C 的位数是 A、B 的位数之和。否则，C 的位数是 A、B 的位数之和减 1。

证明 设 A、B、C 的科学记数法的表示分别是 $a\times 10^{m-1}$、$b\times 10^{n-1}$、$c\times 10^{p-1}$，则它们的位数依次为 m、n、p。由 $A\times B=C$，得

$$ab\times 10^{m+n-2}=c\times 10^{p-1},$$

故得

$$\frac{a}{c}\times b=10^{p-(m+n)+1}。$$

如果 $c<a$，因为 $\frac{a}{c}$、b 都是 1 位数，所以 $1<\frac{a}{c}\times b<100$，从上式右端可见只能有 $\frac{a}{c}\times b=10$，即 $p=m+n$。若 $c\geqslant a$（或 b），则 $\frac{ab}{c}<10$，只能有 $\frac{ab}{c}=1$，故 $p=m+n-1$，证毕。

例如：$0.000\,25\times 64=$？积的有效数字马上可由速算法确定为 16，关键是定位。0.000 25 是 -3 位，64 是 2 位。由于 $1.6<6.4$，故积的位数是两相乘数位数之和。$-3+2=-1$，故积是 -1 位，即 $0.000\,25\times 64=0.016$。

有了乘法定位法，自然可以建立除法定位规则。

除法定位一般规则： 若被除数的数字比除数小，则

商的位数＝被除数的位数－除数的位数。

否则

商的位数＝被除数的位数－除数的位数＋1。

这个规则不用证明了。除法是乘法的逆运算，从乘法定位规则自然可以推出它：只要把乘式中的积叫做被除数，商和除数都叫做相乘数就可以了。

有趣的是：乘法定位，要先计算有效数字之积再定位，而除法则可以在计算之前定位。例如：$\frac{28.44}{0.000\ 32}$，分子是 2 位，分母是－3 位，而且 2.844＜3.2，故商的位数＝2－(－3)＝5，即商的小数点左边有 5 位。

可以把上述规则概括为："乘积大，和减 1；除数小，差加 1"，用起来就方便了。

进一步问，如果解比例式

$$\frac{x}{A}=\frac{B}{C},$$

知道了 A、B、C 和 x 的有效数字，又知道 A、B、C 的位数，怎样确定 x 的位数呢？规律如下：

设 x、A、B、C 的科学记数法的表示分别是：

$t\times10^{m-1}$，$a\times10^{n-1}$，$b\times10^{p-1}$，$c\times10^{q-1}$。为确定起见，不妨设$a\leqslant b$，则有

(i) 若 $t<b$ 而 $c>a$，或 $t\geqslant b$ 而 $c\leqslant a$，则

x 的位数＝A 的位数＋B 的位数－C 的位数；

(ii) 若 $t<b$ 而 $c\leqslant a$，则

x 的位数＝A 的位数＋B 的位数－C 的位数＋1；

(iii) 若 $t\geqslant b$ 而 $c>a$，则

x 的位数$=A$ 的位数$+B$ 的位数$-C$ 的位数-1。

下面证明（i），另两条请你把它的证明补出来。

在情形（i）中，当 $t<b$ 而 $c>a$ 时，因 $c>a$，故$\dfrac{A}{C}$的位数$=A$ 的位数$-C$ 的位数。又 $t<b$，故由$x=B\times\dfrac{A}{C}$可知 x 的位数$=B$ 的位数$+\dfrac{A}{C}$的位数。规律成立。

当 $t\geqslant b$ 而 $c\leqslant a$ 时，因 $t\geqslant b$，由 $x=B\times\dfrac{A}{C}$可知 x 的位数$=B$ 的位数$+\dfrac{A}{C}$的位数-1，又因$c\leqslant a$，可知$\dfrac{A}{C}$的位数$=A$ 的位数$-C$ 的位数$+1$。规律也成立。

至于（ii）与（iii），也可以如法验证。

定位是个小问题。但若不仔细想，不寻根究底去问，就不能弄清楚。

在弄清定位规律的过程中，要提出问题，试验特例，形成猜想，约定表达方式，建立概念，证明结论，然后进一步提出更一般的问题。麻雀虽小，五脏俱全。问题是小问题，但思考的过程，却正反映了学习和研究数学的一般的方法。

正反辉映

相同与不同

两样东西，相同还是不同，张三和李四可能有不同的见解。

一本小说和一本数学手册，对读者来说是很不一样的。到了废纸收购站，如果都是半斤，都是一样的纸，都是 32 开本，就没有什么不同了。

即使是同一个人吧，他看小说的时候，内容的不同对他是很重要的。看得瞌睡了，把书当枕头，内容不同的书所起的作用也就大致一样了。

数学家看问题，关心的是数量关系和空间形式，用的是抽象的眼光。有些我们觉得不同的东西，数学家看来却会是相同的。

3 只小鸡、3 只熊猫、3 条恐龙，它们之间的差别可以使生物学家激动不已。但是对于数学家来说，无非都是干巴巴的数字“3”而已。

月饼、烧饼、铁饼，到了数学家那里，无非都是圆。

数学家的眼光，又是十分精确而严密的。我们觉得一样的东西，或差不多的东西，数学家看来却会有天壤之别。

德国的鲁道夫曾经把圆周率 π 算到小数点以后的35位：

π＝3.141 592 653 589 793 238 462 643 383 279 502 88…

用这样的 π 值计算一个能把太阳系包围起来的大球的表面积，误差还不到质子表面积的百分之一，够精确了吧？但数学家看来，它和真正的 π 有本质的不同：这个数是有理数，而 π 是无理数！

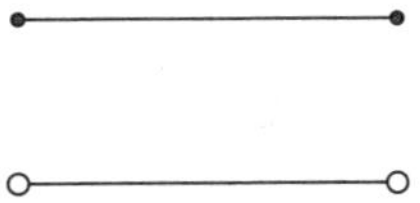

图 2－1

一条线段上有无穷多个点。如果把它的两个端点去掉，线段的长度不会变，因为点没有大小，不占地方（图 2－1）。也许你觉得，多这两个点和少这两个点没什么关系吧！数学家却不这么大方。他们对这两个点，可真是斤斤计较，或者更确切地说，是锱（zī）铢（zhū）必较。在数学里，带有两个端点的线段叫“闭线段”，不带这两个端点的线段便叫“开线段”。一开一闭，大不相同。在高等数学里，不少定理对闭线段成立，对开线段就不成立。

在数轴上，不等式 $0 \leqslant x \leqslant 1$ 表示闭线段，也叫闭区间 $[0, 1]$，而不等式 $0 < x < 1$ 表示开线段，也叫开区间 $(0, 1)$。在 $[0, 1]$ 里有最大数 1，有最小数 0。可是在开区间 $(0, 1)$ 里，却没有最大的数和最小的数。

假想闭区间 $[0, 1]$ 里的每个点都是一个小人儿，下雨啦，他们撑起了无数的小伞，小伞替每个点都很好地遮了雨。有一条定理说：这时没有必要用无穷多把伞，从这些伞里一定可以挑出有限把，其他的都收起来，照样遮雨。这是微积分学里一条有名的定理，叫“有限覆盖定理”。

有趣的是，对开区间 $(0, 1)$，却没有“有限覆盖定理”。

比如，下面这无穷多的一串伞（图 2-2）：

$\left(\frac{1}{3}, 1\right)$, $\left(\frac{1}{4}, \frac{1}{2}\right)$, $\left(\frac{1}{5}, \frac{1}{3}\right)$, $\left(\frac{1}{6}, \frac{1}{4}\right)$, …, $\left(\frac{1}{n}, \frac{1}{n-2}\right)$, …确实遮盖了 $(0, 1)$ 中的每个点。如图所示：

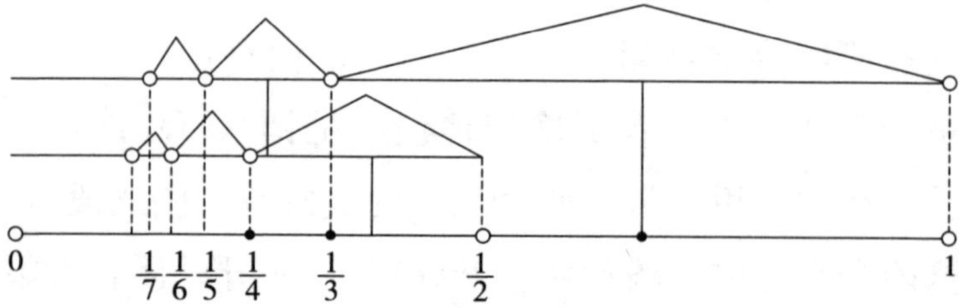

图 2-2

具体地说，$\left(\frac{1}{3}，1\right)$包含了$\frac{1}{2}$，$\left(\frac{1}{4}，\frac{1}{2}\right)$又包含了$\frac{1}{3}$，$\left(\frac{1}{5}，\frac{1}{3}\right)$包含了$\frac{1}{4}$，……，$\left(\frac{1}{n+1}，\frac{1}{n-1}\right)$包含了$\frac{1}{n}$。

但是，决不可能从这一串“伞”里挑出有限把伞，替（0，1）中的每个点都遮好雨。

事情很清楚，如果挑出来的这有限把伞里最左边的是$\left(\frac{1}{m}，\frac{1}{m-2}\right)$，那么，$\frac{1}{m}$这个点便淋雨了。比$\frac{1}{m}$更小的那些数所表示的点，当然也都是“不幸”的挨雨淋的小东西。

多两点与少两点，这里面大有文章，值得反复推敲。数学家看问题，就是这样反复推敲的。

归纳与演绎

用手扔一个石子，它要掉下来。再扔一个玻璃球，它也要掉下来。再扔一个苹果，它还是要掉下来。我们会想到：不管扔个什么东西，它都是要掉下来的；进一步去想这是为什么，想到最后，认为是由于地球有引力。

但是，我们并没有把每件东西都扔上去试一试。试了若干次，就认为可以相信这是普遍规律。这种推理方法，叫归纳推理。

在物理、化学、生物、医学等许多实验科学的研究中，用归纳推理来验证一条定律、一条假说是常有的事。理论对不对，用实验来验证。

数学研究似乎不是这样。你在纸上画一个三角形，用量角器量量它的三个角的大小，加起来差不多是180°。这样画上百个三角形来试验，发现每个三角形内角和都接近 180°。而且量得越准，越接近 180°。你能不能宣布，我用实验证明了一条几何定理“三角形内角和是 180°”呢？

老师早就告诉你了，这不行。要证明一条几何定理，要从公理、定义和前面的定理出发，一步一步地按逻辑推理规则推出来才算数。用例子验证是不合法的。

这表明，数学要的是演绎推理。归纳推理只能作为提出猜想的基础，不能作为证明的依据。

归纳法与演绎法，是人类认识世界的两大工具。都是认识世界的工具，又何必这样水火不相容呢？

可是有些数学家，眼光偏偏与众不同。我国著名数学家洪加威，在 1985 年发表的两篇论文中，提出了新颖的见解。他用演绎推理的方法严格地证明了这么一个使人吃惊的事：对于相当大的一类初等几何命题，只要用一个例子验证一下，便能断定它成立不成立！

这叫做几何定理证明的“例证法”。

根据“例证法”，要证明“三角形内角和等于 180°”，画出某个“一般的”三角形仔细量量它的三角，确实是 180°，我们就说这个命题成立。不过，要量得足够准确！

也许你不相信，也许你以为这里面包含了过于高深的数学理论。

恰恰相反，例证法的基本原理很平常，我一说你就能明白。

在你面前写一个等式：

$$(x+1)(x-1)=x^2-1。\qquad (1)$$

你知道，这是个恒等式。因为用一下分配律：

$$\begin{aligned}(x+1)(x-1)&=x(x-1)+(x-1)\\&=x^2-x+x-1=x^2-1,\end{aligned}$$

就给出了证明。

如果有人告诉你：取 $x=0$ 代入（1），两边都得 -1；取 $x=1$，两边都得 0；取 $x=2$，两边都得 3。这就表明（1）是恒等式。你怎么想呢？你可能不同意。恒等式嘛，必须是所有的 x 代进去都能使两边相等。才代了 3 个，凭什么断定它是恒等式呢？

有趣的是，这样取 3 个值代入后，确实证明了（1）是恒等式。

道理很简单。如果（1）不是恒等式，它就是一个不超过二次的方程，这种方程至多有两个根；现在竟有 3 个“根”了，那它就不是二次方程或一次方程：所以一定是恒等式。

按照这个道理，要判断一个最高次数为 3 的等式是不是恒等式，只要取未知数的 4 个不同的值代入验算。4 次等式用 5 个值，5 次等式用 6 个值，n 次等式用（$n+1$）个值代入。这是因为 n 次方程至多有 n 个根，如果居然有（$n+1$）个值代入都能使它两端相等，那它一定是恒等式。例如，要证明

$$x^3+1=(x+1)(x^2-x+1)$$

是恒等式，只要取 $x=0$，1，2，3 代入看看。一看，都对，这就证明了它是恒等式。

这种方法叫做用举例的方法证明恒等式。因为证明一个恒等式要举几个例子，所以叫多点例证法。

如果又有人说，要证明 $(x+1)(x-1)=x^2-1$ 是个恒等式，不一定取 x 的 3 个值验算，只要把 $x=10$ 代入看看。这时两边都是 99，所以它一定是恒等式。这么说对不对呢?

也许你会抗议。刚才明明说过，二次等式要用 3 个值代入验证，现在仅仅用 $x=10$ 试了一下，为什么说就行了呢?

用 $x=10$ 试一下就行，有它的道理。

用反证法。如果（1）不是恒等式，把它展开、移项、合并，得到一个方程

$$ax^2+bx+c=0。\tag{2}$$

从（1）式不难看出，a、b、c 都是整数，而且绝对值不会比 5 大，取 $x=10$ 代入，应当有:

$$a\times10^2+b\times10+c=0,$$

移项，取绝对值得

$$|100a|=|10b+c|\leqslant10|b|+|c|\leqslant55,\tag{3}$$

于是 a 必须为 0，因而

$$|10b|=|c|\leqslant5,\tag{4}$$

这就推出 b 必须为 0。

于是 c 也必须为 0 了。这表明（1）是恒等式。

由此可见，要验证一个带有未知数的等式是不是一个恒等式，只要举一个例子。不过，这个例子里的未知数要足够大。

有时，等式会不止出现一个未知数。例如：

$$(x^3+y^2)(x^3-y^2)=x^6-y^4。\tag{5}$$

这个等式里有 x、y 两个未知数，关于 x 的最高次数是 6 次，关于 y 的最高次数是 4 次。验证时可以取 x 的 7 个值，如 $x=0$、1、2、3、4、5、6，y 的 5 个值，如 $y=0$、1、2、3、4，交叉组合出一共 $(6+1)\times(4+1)=35$ 组（x，y）代入验算，如果都对了，就证明（5）是恒等式。

也可以用一组（x，y）代入验算，但是 x 和 y 的取值都要很大，而且一个要比另一个大得多。具体到等式（5），可以取 $y=10$，$x=100\ 000$。

等式里有更多的未知数的时候，仍然可以用例证法来判别它是不是恒等式。如果它含 m 个未知数，次数分别是 k_1，k_2，…，k_m，那么就要用

$$(k_1+1)(k_2+1)\cdot\cdots\cdot(k_m+1)$$

组未知数的值代入检验。

如果这个等式里系数都是整数，而且展开之后可以预估每项系数绝对值都不超过 $N-1$，就可以用一组未

知数的值来检验。这组未知数可以取以下形式：

$x_1=N$，$x_2=x_1^{k_1+1}$，$x_3=x_2^{k_2+1}$，…，$x_m=x_{m-1}^{k_{m-1}+1}$，

这是一组大得可怕的数。

总之，含多个未知数的代数等式是不是恒等式的问题，也可以用例证法解决。用许多组数值不大的例子可以，用一组很大数值的例子也可以。

用解析几何的原理，可以把几何命题成不成立的问题转化为检验代数式是不是恒等式的问题。用一组未知数检验，在几何里相当于具体画一个图。这样，举一个例子就可以检验几何命题是不是成立，也就不足为奇了。

洪加威提出的例证法，是举一个例子来检验，例子虽只有一个，但数值很大，用电子计算机算起来都很困难。

另外，我国有些数学家还提出了多点例证法，即举多组例子，但每个例子计算起来都很快，这样就使例证法从理论变为现实。

数学里有不少问题，可以用“举例"的方法解决。可以说，在归纳推理和演绎推理之间，已经没有一条不可逾越的鸿沟了。

精确与误差

边长为 1 米的正方形，它的对角线是$\sqrt{2}$米。这是用勾股定理算出来的，是完全准确的答案。

但是，$\sqrt{2}$米是没法用尺子量出来的，也不好用于实际的计算。你到商店买$\sqrt{2}$米布，售货员没法给你量。即使用几何作图的办法给你扯了$\sqrt{2}$米布，价钱也不好算。比如，每米 1.5 元，$\sqrt{2}$米就是$1.5\times\sqrt{2}$元。怎么收款呢？只有用$\sqrt{2}$的近似值 1.414，$1.5\times1.414=2.121$，还要四舍五入，收二元一角二分钱。

所以，要想做到完全精确，没有误差，在实际生活中是行不通的。

在实际生活中，甚至在很精密的科技活动中，都是允许有误差的；只要误差不超过一定的限度，也就可以了。

但是，作理论研究的时候，有时就要绝对精确。“三角形内角和等于 180°”，这个定理中的 180°一点也不能变。多一丁点儿，少一丁点儿，定理就不成立了。说“$\sqrt{2}$是方程 $x^2-2=0$ 的根”，也是毫不含糊的。把$\sqrt{2}$改成 1.414 2，就不对了。

这时，要是用电子计算机检验一个数是不是某个方程的根，可能出现这样的问题：计算机把 x 的值代到方程里，算到最后，算出来的是一个很小很小的数，比方说，0.000 000 001，这可叫人捉摸不定了！究竟它是不是方程的根呢？也许它不是方程的根，算出来本来就不该等于 0；也许它本来是方程的根，只是因为计算机在计算过程中有舍入误差（例如，我们用 1.414 21…代替$\sqrt{2}$)，结果算出来不是 0 了。

联系到上一节里说的用例证法证明几何定理，这个问题尤为严重。代进去真正是 0，定理就成立了。差一点点儿，定理就不成立了。这真是差之毫厘，谬之千里，疏忽大意不得的事。不解决计算必有误差与绝对精确的要求之间的矛盾，例证法也就是一句空话！

提出了例证法的洪加威，当然看到了这个问题的严重性。但是，他很快又看到了：通过并不绝对精确的计算，却能够得到绝对正确的结论！

道理何在呢？

举个简单的例子。如果我们要算某一个**整数**，算的过程中可能要经过加、减、乘、除、开方、解方程、查三角函数表等许多运算。由于不可避免的误差，结果是 6.003。如果误差不超过 0.5 的话，准确值应当在 5.503 与 6.503 之间。在这个范围内只有一个整数 6，所以，准确的结果就一定是 6。这样，在一定条件下，不那么精确的计算帮我们得到了十分精确的结论。

再举一个复杂一点的例子。甲写给乙一个三次方程：

$$x^3+ax^2+bx+c=0, \tag{1}$$

并且告诉乙，这里的系数 a、b、c 都是绝对值不大于 10 的整数；又说，将 $x=0.414\,214$ 代入（1），用电子计算器可以算出

$$|(0.414\,214)^3+a\times(0.414\,214)^2+b\times0.414\,214+c|<0.000\,002,$$

然后问：由于 1.414 214 是根号 2 的近似值，根据这个结果，能不能断定

$$x=\sqrt{2}-1 \tag{2}$$

正好是方程（1）的根呢？

你想，乙如何才能回答这个问题？

老老实实把（2）代入（1）的左端，经过整理和化简，得到：

$$(3a-b+c-7)+(-2a+b+5)\times\sqrt{2}。 \tag{3}$$

记此数为 f，并令 $m=|3a-b+c-7|$，$n=|-2a+b+5|$，则由于 m 和 n 都是整数，而 $|f|<0.000\,002$，可见

$$|f|=|m-n\sqrt{2}|。\tag{4}$$

又因为 a、b、c 的绝对值都不大于 10，故 $m<58$，而$n<36$，所以

$$m+n\sqrt{2}<120。\tag{5}$$

如果 f 不为 0，则必有：

$$|f|=|m-n\sqrt{2}|=\frac{|m^2-2n^2|}{m+n\sqrt{2}}\geqslant\frac{1}{m+n\sqrt{2}}>\frac{1}{120},$$

这与 $|f|<0.000\,002$ 矛盾，可见 $f=0$；也就是说

$$x=\sqrt{2}-1$$

确实是方程（1）的根！

带有误差的计算告诉了我们绝对正确的信息：$x=\sqrt{2}-1$ 确实是三次方程（1）的根！

为什么能够透过带有误差的计算看到绝对正确的结果呢？关键之处是我们预先断定：如果不是 0，它总得大于$\frac{1}{120}$；反过来，只要比$\frac{1}{120}$小，它一定是 0 了。

由此可见，预见计算结果的范围，就十分重要了。

我们知道，任何计算总离不开加减乘除。而在计算的出发点，我们总可以把所有参与运算的数都看成整数，因为小数无非是整数除整数的商。那么从有限个绝对值不超过 m 的整数出发，进行总数不超过 N 次的加、减、乘、除，得到的结果的绝对值如果不是 0，至多能小到什么程度呢？

可以证明，它不可能比 $(\sqrt{2m})^{-2^N}$ 即 $\frac{1}{(\sqrt{2m})^{2^N}}$ 更小。如果算出来比这个界限更小，那它一定是 0 了。

更一般的问题是：从有限个数出发，经过有限次数学运算（四则，开方、乘方，解代数方程，求三角函数与反三角函数，取对数或反对数，求和，微分与积分……），当然只能得到有限个数，这些数当中去掉 0，总有绝对值最小的。这个最小的绝对值的界限是多大呢？

比如说：从 1 出发，经过加、减、乘、除、取正弦函数这五种运算共 100 次，能得到的最小的正数是多大？当然，精确算出来很难。能不能估计一下它大于多少呢？它是不是比亿亿分之一大？

这类问题很重要，但又很难。数学家们目前还找不到办法来回答它。

变化与不变

哥哥长 1 岁，弟弟也长 1 岁。两个人的年龄都变了，但年龄的差没有变。去年哥哥比弟弟大 3 岁，今年还是大 3 岁。

一个小球抛上去，越高，小球上升的速度就越慢，到了最高点向下落，越落，小球下降的速度就越快。它的高度和速度在不断变化之中。高了，势能增加，但速度变小了——动能减少了。低了，势能减少，但速度变大了——动能增加了。它的机械能——势能与动能之和——是不变的。

把一张椅子从屋里搬到院子里，椅子的位置变了，但大小没有变。它还是那么高、那么宽。方的还是方的，圆的还是圆的。

照相机把万里河山的壮丽景色摄于小小的底片上，显微镜把细菌的奥秘呈现于眼底。大的可以变小，小的可以变大。在这类变化之中，大小变了，模样儿大体没有变。

大千世界，到处都在发生着或明显或隐蔽的运动与变化。迅速的变化令人目眩神迷，缓慢的变化使人不知不觉。但是，正像前面举的一些例子那样，在变化的过程中，常常有相对不变的东西。

数学家的眼光，常常盯住变化中不变的东西。正是这些不变的东西，把变化中的不同镜头联系起来，帮助我们认识变化过程的本质，帮助我们解决各种问题。

小学生知道，解有关年龄的应用题的时候，两个人的年龄差不变是个关键。抓住这一点，往往可以使问题迎刃而解。

中学生知道，方程两边同时加上或减去一个数、一个代数式，方程样子变了，但解没有变。抓住了这一点，才能用移项的办法化简方程，求方程的解。

一个代数式子，可以变成另一种形式。例如，a^2-b^2 可以写成 $(a+b)(a-b)$。样子变了，但让 a、b 取具体数值的时候，算出来的结果不会变。正因为如此，我们才可以把 57^2-56^2 写成 $(57+56)\times(57-56)$，一下子算出它是 113；把 48×52 写成 $(50-2)\times(50+2)=50^2-4$，一下子算出它是 2 496。

平面几何里，图形里的一部分，可以经过旋转、平移、反射、放大、缩小变成另一部分。在旋转、平移、反射的时候，两点的距离是不变的。在按比例放大、缩小的时候，角度是不变的。利用图形在变化过程中的不变性质，常常可以找到巧妙的解题窍门。

想要证明“等腰梯形 $ABCD$ 的两底角 $\angle A$ 与 $\angle B$ 相等”，简便的办法是把线段 AD 沿着上下底所限定的轨道平移，平移到 D 与 C 重合，A 搬到 E 处，让图上变出来一个等腰三角形 CEB（图 2－3）。平移的时候，AD 变成了和它一样长的 CE，$\angle DAB$ 变成了和它一样大的 $\angle CEB$。$\angle CEB=\angle CBE$，也就是 $\angle A=\angle B$ 了。

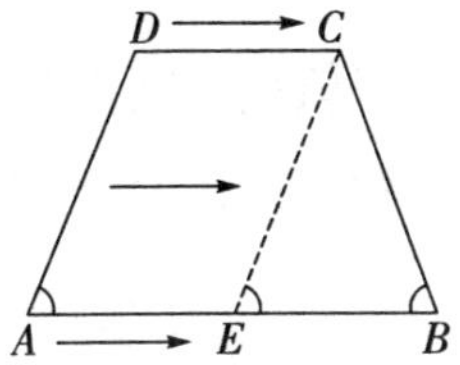

图 2－3

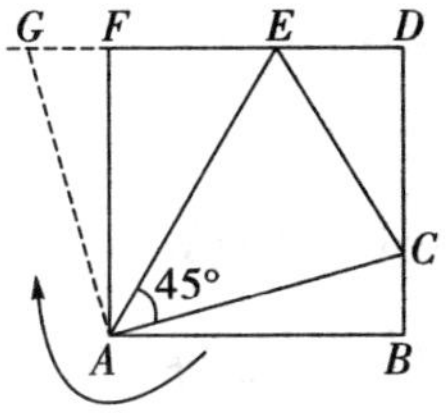

图 2－4

在正方形 $ABDF$ 的两边 BD，DF 上取 C、E 两点，使 $\angle CAE=45°$，要你证明

$$BC+EF=CE。$$

这不是一个容易做的题目。如果你想到了旋转，会把 $\triangle BAC$ 绕点 A 转到 $\triangle FAG$ 的位置（图 2－4），就会发现问题变得明朗化了。在旋转中，长度不变，所以 $AB=AF$，$AC=AG$，角度也不变，所以 $\angle BAC=\angle FAG$。这就证明了 $\triangle AGE\cong\triangle ACE$，于是

$$BC+EF=GF+FE=GE=CE。$$

问题便解决了。

反射就是给图形照镜子。别看这个变换简单，它有时能给人们提供绝妙的解题方法。让我们来看一个著名几何题的巧夺天工的解法。

18 世纪初，意大利数学家法格乃诺提出了这样一个问题：

“给了一个锐角三角形 ABC，作一个内接于它的周长最小的三角形。”

也就是说，在 BC、CA、AB 三边上，分别取点 X、Y、Z，使 $XY+YZ+ZX$ 最小。

请看法国数学家小加勃里尔·马南给出的解答：

在 AB 上任取一点 Z，把 BC 当镜面，Z 在镜中成为 H。把 AC 当镜面，Z 在镜中成为 K。连 HK，分别交 BC 于 X、交 AC 于 Y，则

$$XY+YZ+ZX=XY+YK+XH=HK。$$

如果 X、Y 位置变成 X'、Y'，则

$$X'Y'+Y'Z+ZX'>HK。$$

所以，如果 Z 固定了，周长最小的内接三角形只能是 $\triangle XYZ$（图 2-5）。

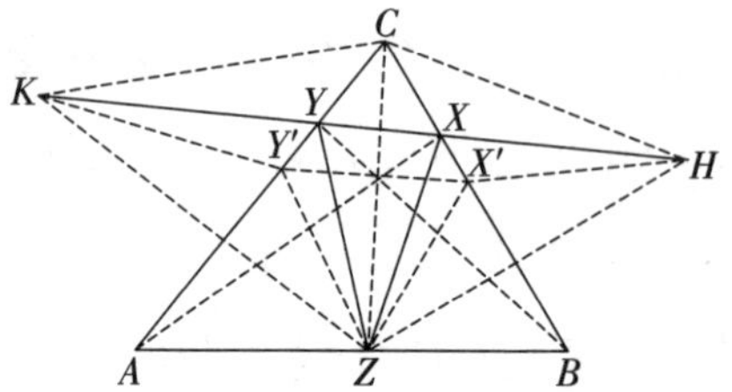

图 2-5

那么，当 Z 变化的时候，哪个位置使 HK 变得最小呢？

很明显，$\angle ZCB=\angle HCB$，$\angle ZCA=\angle KCA$。所以一定有$\angle KCH=2\angle ACB$，并且有 $CK=CZ=CH$。因而$\triangle CKH$ 是顶角固定（$2\angle ACB$）的等腰三角形。腰越长，底边 KH 也越长。什么时候腰最短呢？也就是说，什么时候 CZ 最短呢？当然只有当 $CZ\perp AB$ 的时候，CZ 最短。

同样的道理，AX 应当是 BC 边上的高，BY 应当是 AC 边上的高。

结论：当 X、Y、Z 是$\triangle ABC$ 三边上的垂足的时候，$\triangle XYZ$ 是周长最小的内接三角形！

再举一个例子，看看按比例放大的用处。

这里有一个锐角$\triangle ABC$，请你在 AB 边上取两点 P、Q，作一个正方形 $PQRS$，要求 R、S 两点正好落在AC、BC 两边上。

一下子作出这么个正方形，确实不容易，不是大了，就是小了。

小就小吧，先靠着$\angle A$ 摆一个小正方形，如图 2－6。这不难，可惜这个小正方形有一个顶点 M 没有落到$\triangle ABC$ 的边上。怎么办？来一个放大：连 AM，延长后交 BC 于R。过 R 作AB 的垂线交AB 于Q，作 AB 的平行线交AC 于S，又过 S 作AB 的垂线交AB 于P。不难弄清楚，$PQRS$ 是由那个小正方形经过成比例放大而得到的，所以也是个正方形。

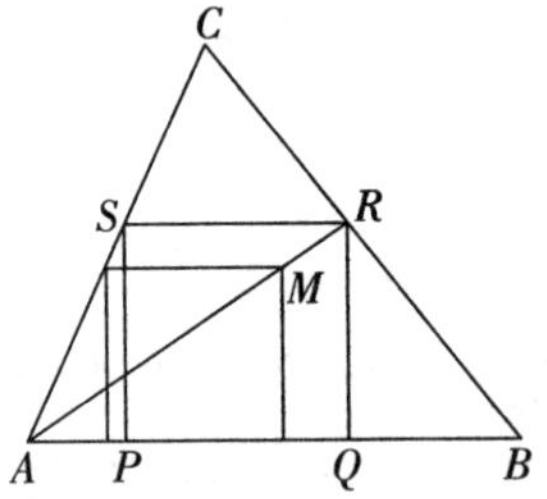

图 2－6

变换，是数学家手里的一大利器。看清楚哪些东西是在变化中不变的，数学家就能得心应手地用变换的办法解决问题。

巧思妙解

椭圆上的蝴蝶

玻璃窗的窗框是正方形的。阳光透窗而入，落在地板上，窗框的影子却未必是正方形的了。但是也不会变成圆形或三角形，这影子是一个平行四边形。

在玻璃窗上画一个几何图形，阳光会把这个几何图形“印”到地板上——但是样子变了。

太阳离地球很远很远，所以照在玻璃窗上的一束光，可以当成是平行光束。在平行光束投射之下，玻璃上的几何图形和它的影子图形可以很不一样。

你可能注意到：正午，你的影子很短；傍晚，它很长。

正方形的影子不一定是正方形。所以，图形里的角和影子里的角也不一定一样了。

这种图形变换，变得比旋转、平移、反射都厉害，它能改变两点之间的距离；变得比“按比例放大、缩小”

更厉害，它能改变两直线之间的夹角。

数学家把这种变换叫“仿射变换”。

长短可以改变，角度也可以改变。玻璃上的图形和地板上的影子之间还有什么共同之处呢?

共同点还不少呢!

直线的影子还是直线。确切地说，线段的影子还是线段——因为玻璃上画不下一整条直线。

线段的中点还是中点。也就是说，如果玻璃上有一条线段 AB，AB 中点是 M。AB 的影子是 $A'B'$，M 的影子是 M'，则 M' 也是 $A'B'$ 的中点。

平行线的影子还是平行线。

平行四边形的影子还是平行四边形。

三角形的影子还是三角形。

圆变成什么样子了呢?

圆可能变扁。用准确的数学术语说，圆变成了椭圆。

什么是椭圆?

一根圆木棒，用锯子斜着锯断，断面就是椭圆。

一个圆，均匀地压缩或拉伸，便成了椭圆。压缩或拉伸的办法是：取一条直径，从圆周上每一点 P 向直径作垂线 PA；再取定一个正的常数 k，在直线 PA 上取 P'，使 $P'A=kPA$，这些 P' 便组成了椭圆（图 3-1）。当 $k<1$ 时，是把圆压缩了；当 $k>1$ 时，是把圆拉伸了。

在木板上画个椭圆并不难。钉上两个钉子 A 与 B，用细绳圈套住两个钉子。一支铅笔放在绳套里，绷紧了边滑边画，椭圆便出来了（图 3－2）。

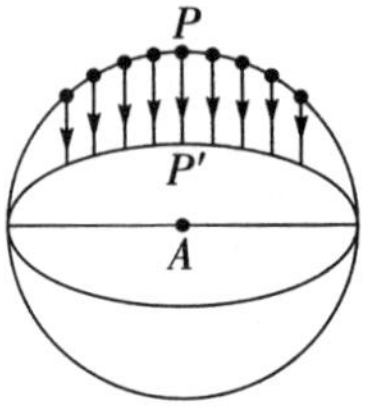

图 3－1

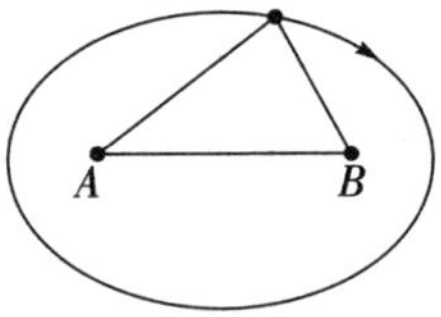

图 3－2

关于圆，有一个有趣的定理：

蝴蝶定理 设 AB 是圆 O 的弦，M 是 AB 的中点。过 M 作圆 O 的两弦 CD、EF，CF、DE 分别交 AB 于 H、G，则 $MH=MG$。

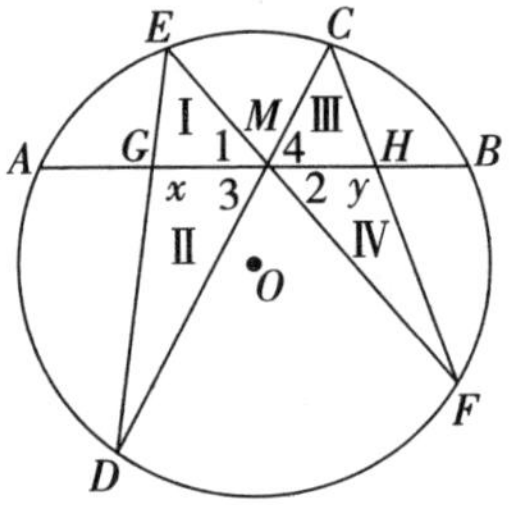

图 3－3

根据定理画出来的几何图，很像一只翩翩飞舞的蝴蝶，所以这个定理叫做蝴蝶定理（图 3－3）。

蝴蝶定理的第一个证法是 1815 年由数学家奥纳完成的。100 多年来，人们不断地提供多种多样的证明。其中一个最简单的证明是这样的：

先注意一条简单的命题：

共角三角形的比例定理 在$\triangle ABC$ 和$\triangle A'B'C'$中，

如果$\angle A=\angle A'$，则

$$\frac{S_{\triangle ABC}}{S_{\triangle A'B'C'}}=\frac{AB\cdot AC}{A'B'\cdot A'C'}。$$

证明是容易的，这里用到小学生都知道的“共高三角形面积比等于底之比”：把$\triangle ABC$和$\triangle A'B'C'$的$\angle A$与$\angle A'$重在一起（图 3－4），就可以看出来：

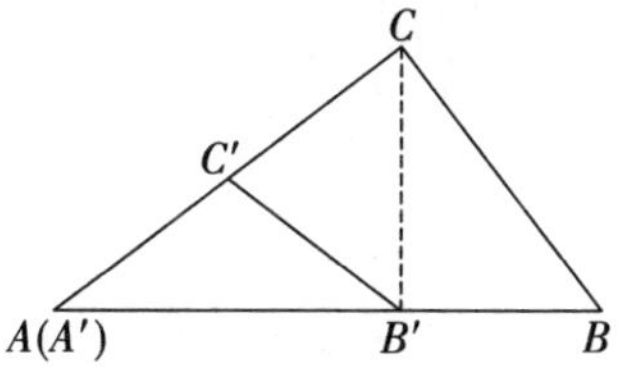

图 3－4

$$\frac{S_{\triangle ABC}}{S_{\triangle A'B'C'}}=\frac{S_{\triangle ABC}}{S_{\triangle A'B'C}}\cdot\frac{S_{\triangle A'B'C}}{S_{\triangle A'B'C'}}=\frac{AB}{A'B'}\cdot\frac{AC}{A'C'}。$$

这个非常有用的共角比例定理便出来了。

在蝴蝶图中，△Ⅰ和△Ⅳ、△Ⅳ和△Ⅱ、△Ⅱ和△Ⅲ、△Ⅲ和△Ⅰ两两都是共角三角形。所以，

$$\begin{aligned}1&=\frac{S_{\triangle Ⅰ}}{S_{\triangle Ⅳ}}\cdot\frac{S_{\triangle Ⅳ}}{S_{\triangle Ⅱ}}\cdot\frac{S_{\triangle Ⅱ}}{S_{\triangle Ⅲ}}\cdot\frac{S_{\triangle Ⅲ}}{S_{\triangle Ⅰ}}\\&=\frac{ME\cdot MG}{MH\cdot MF}\cdot\frac{MF\cdot HF}{MD\cdot GD}\cdot\frac{MD\cdot MG}{MH\cdot MC}\cdot\frac{MC\cdot HC}{ME\cdot GE}\\&=\frac{MG^2}{MH^2}\cdot\frac{HF\cdot HC}{GE\cdot GD}。\qquad(1)\end{aligned}$$

利用圆的性质：

$$HF\cdot HC=HB\cdot HA,$$

$$GE\cdot GD=GA\cdot GB。$$

为了清楚，记 $AB=2a$，$MG=x$，$MH=y$，则

$$HA=a+y,\ HB=a-y,$$

$$GA=a-x,\ GB=a+x,$$

代回到等式（1）中：

$$\begin{aligned}1&=\frac{x^2}{y^2}\cdot\frac{(a-y)(a+y)}{(a-x)(a+x)}\\&=\frac{x^2(a^2-y^2)}{y^2(a^2-x^2)},\end{aligned}$$

也就是

$$y^2(a^2-x^2)=x^2(a^2-y^2),$$

整理之后得 $x^2=y^2$，即 $MG=MH$。

这个证法，不用辅助线，从一个平凡的等式出发，一气呵成，已够妙的了。更妙的是，数学家们目光一转，忽然发现：蝴蝶定理里面的圆换成椭圆（图 3－5），这个定理依然成立！

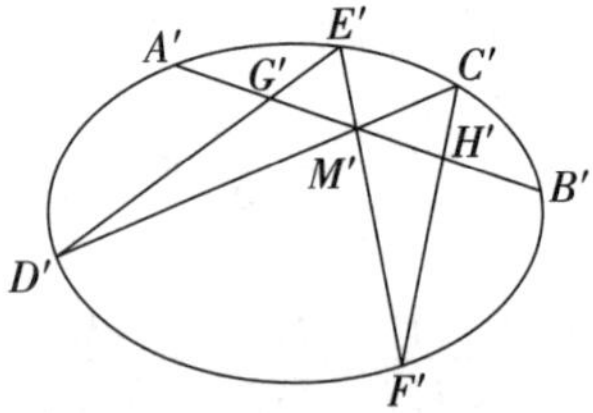

图 3－5

直接证明可真不容易！刚才，我们用了圆周角定理和相交弦定理，这些定理对椭圆并不成立，怎么办呢？

仿射变换帮了我们的大忙。适当选取平行光束照射的角度，总可以把地板上的椭圆当成玻璃上的圆的影子。

A'、B'、M'……是 A、B、M……的影子。椭圆上的蝴蝶是圆上的蝴蝶的影子。既然在椭圆上 M' 是 $A'B'$ 的中点，在圆上 M 就是 AB 的中点。根据圆上的蝴蝶定理，M 也是 HG 的中点。再投影到地板上，M' 也是 $H'G'$ 的中点，即 $M'H'=M'G'$。椭圆上的蝴蝶定理也成立！

就这样，数学家利用变换下的不变的东西，化难为易，由此及彼，使隐蔽的规律暴露出来，轻而易举地达到了本来似乎是鞭长莫及的目标！

无穷远点在哪里

两条直线至多交于一点。

但是，即使在同一个平面上，两条直线也不一定非相交不可。如果不相交，就说这两条直线平行。

平行线不相交，它们好像笔直的铁路上的两根钢轨，距离处处相等，一同伸向远方。

不过，当你顺着铁路向前方眺望的时候，你却感到，两根钢轨之间的距离越来越小。终于，在地平线上，它们似乎汇合在一起了。

你明白，这是视觉的假象，它们不会合为一点。

但也许是因为这种假象给人们以影响吧，有不少人就说：两条平行线交于无穷远处。不过，直线相交处是点，所以也说：两条平行线交于无穷远点。

这种说法对吗？退一步，这种说法能讲出点什么道理吗？

要想为“平行线交于无穷远点”找点根据，就得解释清楚什么叫“交”，什么叫“无穷远点”。

数学家还真的给这种说法找到了可以自圆其说的解释。

交，是好理解的。两条直线有一个交点，也就是两条直线有一个公共点。

两条平行直线，有什么公共的东西呢？如果有什么公共特点的话，这个公共特点也就可以勉强叫做“无穷远点”吧！“交于无穷远点”，也就是有公共的“无穷远点”！

两条平行直线被第三条直线所截，同位角相等，这表明，平行线有共同的方向，或者说，它们对同一直线倾斜的程度是一样的！

两个人分别在两条直线上行走，如果两条直线不平行，他俩之间的距离最终会越走越远。当两条直线平行的时候，他们才有可能永远保持着不远不近的距离。

这么说，“无穷远点”就是方向，就是倾斜度。每条直线有自己的倾斜度，也就是有自己的“无穷远点”。

用这个观点看问题，便可以说：“平面上任意两条直线交于一点，或者是平常的点，或者是无穷远点。”

望远镜能帮我们看到远方的景色，但看不到无穷远点。数学家的眼光却能看到无穷远点。这不是胡说，数学家真有办法把无穷远点从无穷远处拉回来，变成看得见摸得着的平平常常的点。

数学家有自己的超级望远镜，这个超级望远镜叫做“射影变换”。

如图 3－6，在平坦的广场上竖立两根高高的竿子，一根是 AB，一根是 CD。它们可以看成两条平行线。比这两根竿子更远的地方，有一根灯柱。电灯 O 光芒四射，它把两根竿子投影到地面上，形成长长的影子。这两条影子，不再是平行的了！它们的延长线交于一点 P，P 恰在灯柱的下端！

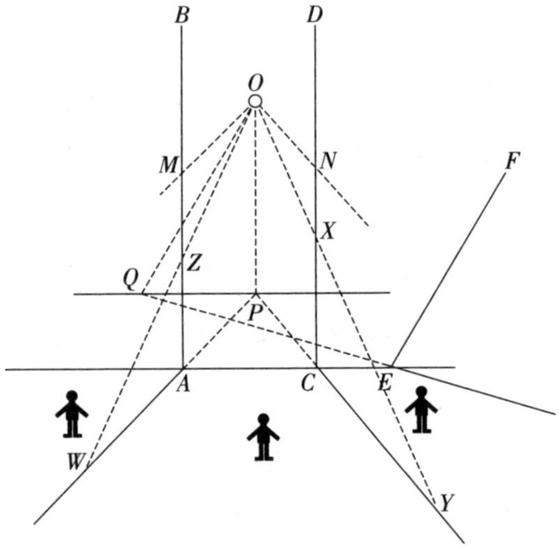

图 3－6

事实表明，在点光源照射下，平行线的影子可以不再平行了。这种由点光源的投影形成的图形变换，叫做射影变换。

两根竿子 AB、CD，它们没有公共点，无论怎样延长，也不会相交。但它们的影子 WA 和 YC，延长之后

却相交于一点 P。

影子上的每一点，都是竿子上某一点的投影。图中 Y 是 X 的投影，W 是 Z 的投影。但是，当 AB 上的 M 的高度和光源 O 的高度相等的时候，OM 平行于地平面，M 的影子就落不到地上了。M 的影子哪里去了呢？让 Z 在 AB 上渐渐升高，Z 越接近 M，Z 的影子 W 跑得越远。Z 无限逼近 M 的时候，W 会远得难以想象。所以，不妨认为，Z 到达 M 的时候，它的影子 W 就到无穷远处了。所以，M 的影子是直线 PA 上的无穷远点。同样，在 CD 上取 N 使 $CN=PO$ 的时候，N 的影子是直线 PC 上的无穷远点。

比喻永远是蹩脚的。灯光下的影子虽然给我们以很大启发，但并不能圆满地解释一切。当 Z 再升高，超过 M 的时候，Z 的影子投入茫茫太空。怎么办？AP 这段虚线，又是哪一段竿子的投影？

从数学家的眼光看来，所谓 W 是 Z 的影子，也就是 W 在直线 OZ 上。这样，只要让 Z 在整条直线上滑动，看直线与广场平面交点轨迹如何变化！

把 OAB 平面画出来看（图 3－7），就清楚多了：原来当 Z 比 M 更高的时候，直线 OZ 与广场平面的交点在 AP 的延长线上。当 Z 在 A 的下面，即 Z 钻入地下的时候，OZ 与广场平面的交点恰在线段 AP 上。也就是说，

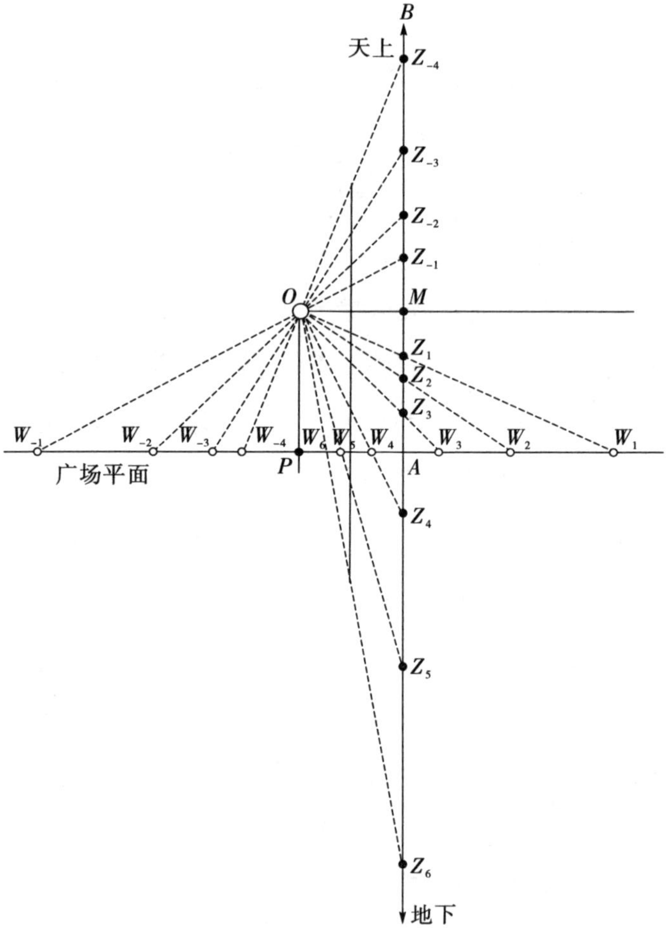

图 3-7

Z 在直线 AB 上变动的时候，W 就在直线 PA 上变动。当 Z 向“天上”升，越来越高的时候，W 从左方向 P 靠拢。当 Z 向地下钻，越钻越深的时候，W 从右方向 P 靠拢。这样看，P 就是直线 AB 上的无穷远点变过来的。同时，可以看出，直线 AB 上只有一个无穷远点。天上地下，两头的无穷远点是同一个。

如果广场上又竖起一根斜竿 EF（见图 3-6），在点光源照射下，直线 EF 上的无穷远点投射到什么地方了呢？是不是仍是 P 呢？不是了。过 O 作一条平行于 EF 的直线，交广场平面于 Q，Q 才是 EF 上无穷远点的投影。

让 EF 绕着 E 在一个平面内旋转，Q 就跟着变动，点 Q 的轨迹是一条直线。既然平面上无穷远点的“影子”是直线，我们就说平面上所有的无穷远点组成一条无穷远直线。

平行光束投影——仿射变换，能让圆上的蝴蝶栖息在椭圆上。点光源投影——射影变换，又有什么用呢？

在射影变换之下，直线变成直线，直线的交点还是交点。但是，线段的中点不一定变成中点。平行线也可以变成相交线。射影变换下，几何图形性质有了更剧烈的变化。尽管变化剧烈，还是保存了一些性质。

利用射影变换下不变的性质——三点共线，数学家可以从简单的定理变出看来相当复杂的定理。

平面几何里有这么一条定理：

巴斯卡定理　设 B 在直线 AC 上，B' 在直线 $A'C'$ 上，如果 $AB' /\!/ A'B$，$BC' /\!/ B'C$，则 $AC' /\!/ A'C$。

用面积法容易证明这条定理（图 3-8）：

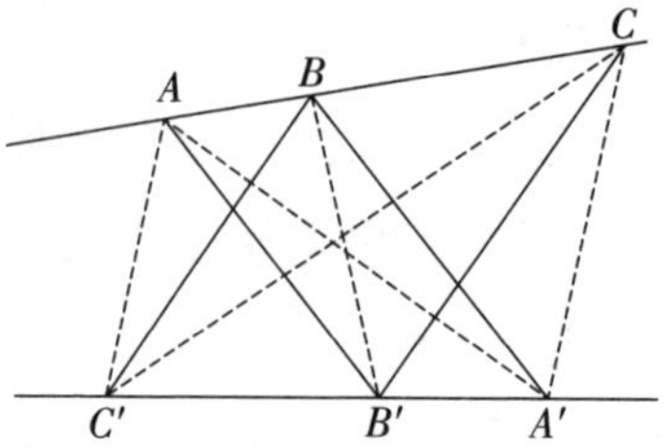

图 3-8

因 $AB' /\!/ A'B$，故得

$$S_{\triangle ABA'}=S_{\triangle A'B'B}。$$

类似地，由 $BC' /\!/ B'C$ 得 $S_{\triangle BCB'}=S_{\triangle B'C'C}$。于是

$$\begin{aligned}S_{\triangle AA'C}&=S_{\triangle ABA'}+S_{\triangle A'BC}\\&=S_{\triangle A'B'B}+S_{\triangle A'BC}\\&=S_{\triangle BCB'}+S_{\triangle B'CA'}\\&=S_{\triangle B'C'C}+S_{\triangle B'CA'}=S_{\triangle A'C'C},\end{aligned}$$

于是得 $AC' /\!/ A'C$，定理得证。

下面的定理也就容易证明了：

定理 设 B 在直线 AC 上，B' 在直线 $A'C'$ 上。如果 AB' 与 $A'B$ 交于 P，BC' 与 $B'C$ 交于 Q，则 AC' 与 $A'C$ 的交点 R 在直线 PQ 上（图 3-9）。

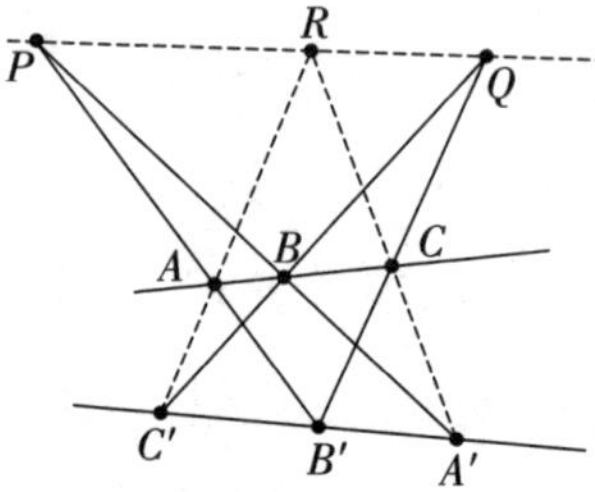

图 3-9

表面上，这个定理和前面的巴斯卡定理很不一样。但只要用点光源投影把直线 PQ 变成无穷远直线，条件“AB'与 $A'B$ 交于 P”和“BC'与 $B'C$ 交于 Q”便成了 $AB' /\!/ A'B$ 和 $BC' /\!/ B'C$。由巴斯卡定理可知 $A'C /\!/ AC'$，即 R 是无穷远点。既然 P、Q、R 变过去之后在同一条无穷远直线上，这表明它们本来是在一条直线上！

用圆规画线段

你能用圆规画一条线段吗?

也许你不假思索地回答：怎么可能呢?

不错，圆规是画圆用的，线段是直的。圆规不能画线段是意料之中的事。

但是，问题里只说“用圆规"，没说怎么用，这就有空子可钻了。

一种可能的回答是：把圆规当铅笔用，配合直尺或三角板，不是可以画线段了吗?

要堵住这个空子，就要说明只许用圆规，不许用直尺或类似的可以代替直尺的东西。比如，一支圆规当铅笔，另一支圆规放倒当直尺，都是不允许的。

另一种回答：把圆规的针脚在纸上立定，用手迅速地把有笔头的那一支“脚”向外拉，岂不画出一条线段了吗（图 3－10)?

这个答案不能通过。因为谁也无法保证这样拉出来的线是真的线段，它可能有一点肉眼看不出来的弯曲。

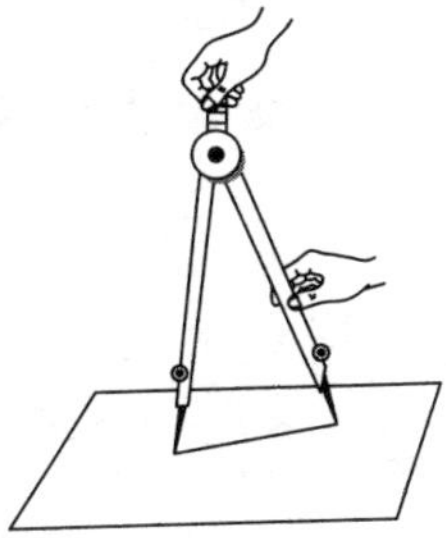
图 3－10

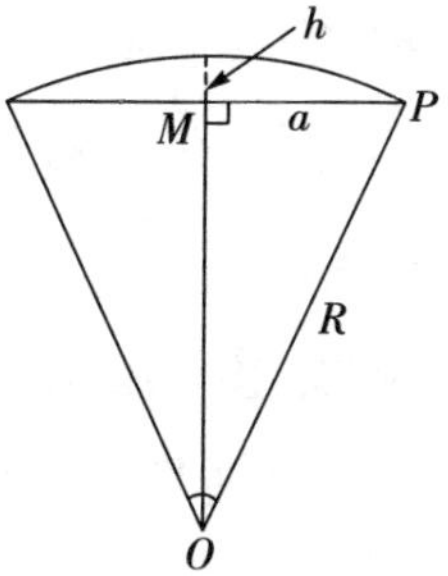

图 3－11

第三种回答：用半径很大的圆规画短短的一段弧，这弧就几乎是线段了。

确实，如果用半径为 R 的圆规画出一小段弧，当弧所对的弦长是 $2a$ 时，用勾股定理可以求出弧的拱高为（图 3－11）：

$$h=R-\sqrt{R^2-a^2}=\frac{a^2}{R+\sqrt{R^2-a^2}}。$$

比如当圆规半径为 1 米时，画一段弦长 1 厘米的弧，则拱高大致为

$$h=\frac{0.5^2}{100+\sqrt{100^2-0.5^2}}\approx 0.0013(\text{厘米}),$$

还不到 1 毫米的五十分之一。肉眼看去，这段弧和线段当然没什么区别了。

但是，题目要的是数学上的严格的线段，不是看上去的线段。大半径的圆弧固然很接近线段，但毕竟不是

真的线段啊！

那么，这个题目有办法回答吗？

不要沮丧。本来几乎无法回答的问题，现在居然凑凑合合地给出了三个答案。虽然都不能令人满意，但毕竟还是有收获的。

要是继续想，就必须把题目弄得更严密一些。所谓“用圆规画一条线段”，具体含义是：圆规的针脚在画线过程中不能动（这就否定了第一种答案），圆规的两脚距离在画线过程中不能变（否定了第二种答案），要画真正的线段而不是画近似的线段（第三种答案也被否定了）。

在这种种限制之下，圆规的笔头活动的轨迹是什么呢？

限制在平面上，只能是圆。

如果摆脱了平面的限制，笔头在空间活动，它的轨迹是球面。可是球面上有线段吗？

想到这里，似乎已走上绝路。但是，“山重水复疑无路，柳暗花明又一村”。新的思想往往在似乎面临绝境的时候产生。

既然圆规的笔尖只能在球面上活动，而球面上又没有线段，可见所要的线段不可能直接画出来。它只能是画好之后再变化出来的。

想到变化，思路就宽了。

图形画在纸上，把纸卷成圆筒，直线就成了曲线。

反过来，当圆筒展开成平面的时候，圆筒上的曲线，也可能变成直线！

球面是不能展平的。但球面上的某些曲线可以放到圆筒上，而圆筒却可以展开。

办法有了。拿一个茶缸来，里面放一片不大不小的圆卡片。圆规的针脚扎在卡片的中心，再在茶缸的内侧壁贴上一张纸。转动圆规，在茶缸里进行“空间作图”，在茶缸内侧的纸上画圆。把贴在茶缸内侧的纸揭下来，看，纸上是一条规规矩矩的线段！

戏法变过，亮出奥秘，就显得平淡无奇了。但是，再动脑筋，还能举一反三。

线段好比是半径无穷大的圆弧。空间作图后展开，小小的圆规能画出半径无穷大的圆弧。那么，固定半径的圆规，能画出半径更小的圆弧吗？比方说：半径定为 10 厘米的圆规，能画出半径为 5 厘米的半圆吗？

应当是可以的。因为半径为 10 厘米的球面上，有着许多半径不超过 10 厘米的圆。问题是怎样把它画到纸上。

有个办法你不妨试试：找一个方形的木盒子或厚纸板盒子，在底部的内棱上取两点 A、B，使 $AB=10$ 厘米。在底上取一点 O，使 $\triangle OAB$ 是正三角形。以 O 为圆心，用半径固定为 10 厘米的圆规画圆。开始在底面上画，画到点 A 处（或 B 处）碰了壁，碰了壁就爬墙吧。

它在墙上画的恰好是半径为 5 厘米的半圆（图 3 - 12）。

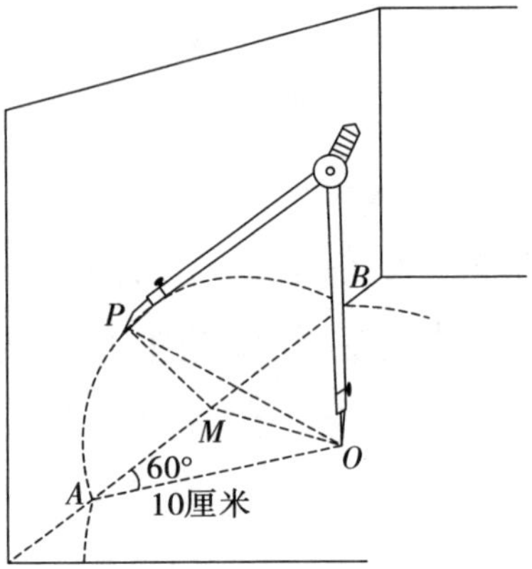

图 3 - 12

道理很简单。设 AB 的中点是 M。圆规的笔尖画到盒子内壁上任一点 P，则空间的三角形$\triangle OMP$ 和盒底的三角形$\triangle OMA$ 全等。因为它们都是直角三角形，又有相等的斜边 $OA=OP$ 和公共边 OM，于是 $MP=MA$。这表明$\overset{\frown}{APB}$是半径为 AM 的半圆！

调整 OM 的大小，可以在盒子的侧壁上画出半径不同的半圆。

数学需要幻想，初看起来荒谬绝伦的问题，大胆地追索下去，未必没有实实在在的收获。

佩多的生锈圆规

初等几何里，作图的工具只许用圆规和无刻度的直尺。这种习惯性的约定始于古希腊。由于“三大作图难题”（三等分任意角、二倍立方、化圆为方）的广泛流传，种种尺规作图问题曾使许多数学爱好者入了迷。

经过2000多年的艰苦探索之后，数学家弄清了尺规作图的可能界限。证明了所谓“三大作图难题"实际上是3个“不可能用规尺完成的作图题”。认识到有些事情确实是不可能的，这是数学思想的一大飞跃。这中间曲折有趣的过程，已经成为众多的科普读物中津津乐道的话题。你如果感兴趣，不妨读一读“少年百科丛书”中《科学的发现（3）》（李文汉：《六大数学难题的故事》，中国少年儿童出版社，1981）。

旧的问题解决了，数学家的眼光便转向于新的问题。他们提出了改变作图规则之后的作图问题。

一个方向是放宽限制。比如：直尺上有了刻度，又能干些什么？又如：设计出能画别的曲线的仪器，能把任意角三等分的仪器，使作图法变得更加丰富而实用。

相反的方向是加强限制。比如：几何里讲的直尺理论上是可以任意长的，圆规的半径也可以任意大。你可以从北京到上海连一条线段，也可以以兰州为心，画一条穿过南京的圆弧。可实际上，我们用的圆规直尺都很小。小圆规和短直尺能不能干大圆规和长直尺所干的事呢？

经过研究，答案是肯定的。长直尺和大圆规能干的事，短直尺和小圆规也能干。

当然，小圆规画不出大半径的圆弧来。不过，数学家看问题是看关键之点。几何作图的要害问题是定点。凡是用大圆规和长直尺确定的某些点，用小圆规和短直尺也能把它确定出来。这就表明小圆规和短直尺并不逊色！

更有趣的是，1797 年意大利数学家马斯罗尼发现：只要用一把小圆规，就能完成一切由直尺圆规联合起来所能干的事，这个发现引起了数学家们的很大兴趣。后来又知道，更早一些，丹麦人摩尔在 1697 年已发现了这回事，不过没引起当时数学家们的注意罢了。

那么，只用一把直尺行不行呢？数学家们很快证明了：只用一把直尺能作的图，少得可怜。但是，只要在平面上预先画好一个圆和它的圆心，便可以用直尺完成一切能由圆规直尺完成的任务。弄清楚这回事，是法国数学家彭色列的功劳。但彭色列在1822年写的文章很多人不知道，德国数学家斯坦纳在1833年出版的一本小书里，重新证明了它。

限制尺规作图的故事，似乎要到此为止了。已经限制到这种程度了，再加限制，还能干些什么呢？

意料之外的事发生了，在斯坦纳1833年的小书之后，沉寂了150多年的尺规作图的舞台上，演出了精彩的一幕。

这一幕的主角是几位中国人，揭幕人却是美国著名的几何学家、年逾七旬的老教授佩多。

佩多敏锐地看出，固定半径的圆规的作图问题，可能隐藏着有趣的奥秘。他把这种固定半径的圆规形象地称为生锈的圆规。为了方便，不妨设这种生锈圆规只能画半径为1的圆。

佩多精心选择了两个问题，在加拿大的一份杂志上提出，征求解答：

佩多问题之一：已知两点 A、B，只用一把生锈圆规，能不能找出一点 C，使 $AC=BC=AB$？

佩多问题之二：已知两点 A、B，只用一把生锈圆规，能不能找出线段 AB 的中点 C？（要知道，线段 AB 是没有画出来的，因为没有直尺！）

后来的事情发展表明，正是这两个问题的解决，使生锈圆规作图的园地繁花怒放。

佩多的一个学生无意中作出了一幅几何图。佩多发现，这幅无意中作出的图解决了佩多第一个问题的一小部分：如果 $AB<2$（记住，生锈圆规半径是 1），用生锈圆规能作出 C 使 $\triangle ABC$ 是正三角形！

如图 3－13，以 A、B 为圆心分别作圆交于 D、G，又以 G 为圆心作圆分别交 $\odot A$、$\odot B$ 于 E、F，再分别以 E、F 为圆心作圆交于 C，此时 $\triangle ABC$ 为正三角形！

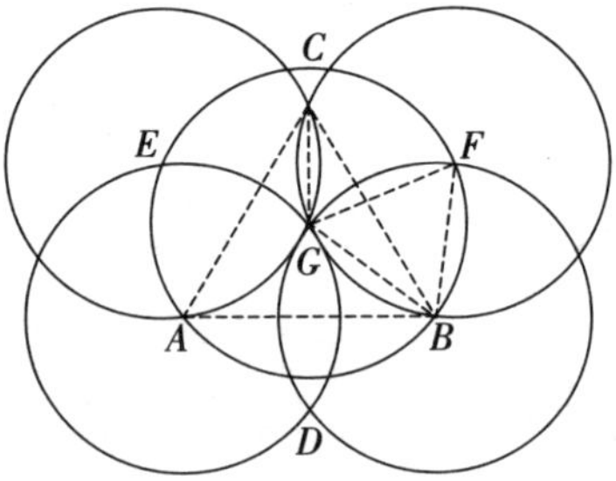

图 3－13

证明是容易的：在 $\odot F$ 上用圆周角定理，$\angle GCB=\frac{1}{2}\angle GFB=30°$。同理，$\angle GCA=30°$，故 $\angle ACB=60°$。由对称性有 $AC=BC$，故 $\triangle ABC$ 为正三角形。

这个五圆图使佩多激动不已。几何学已有几千年的历史了，这样简单而有趣的作图居然没被人发现！

但是，当 $AB>2$ 时，$\odot A$ 与 $\odot B$ 不再相交了，鞭长莫及，怎么办呢？

佩多的第一个问题是1982年公开提出的，三年过去了，仍然找不到作图的方法。正当数学家们猜测这大概是一个“不可能”的作图问题时，三位中国数学工作者——他们都是中国科学技术大学的教师——成功地给出了正面解答，而且找到了两种方法。

他们是怎样解决鞭长莫及的问题的呢？

请看图3－14。A、B是两个给定的点，A和B离得较远，但中间有一个过渡点M，AM和BM就小一点。如果分别作正三角形BME和正三角形AMD，再找出点C使四边形$MECD$是平行四边形，那么，$\triangle ABC$也是正三角形！

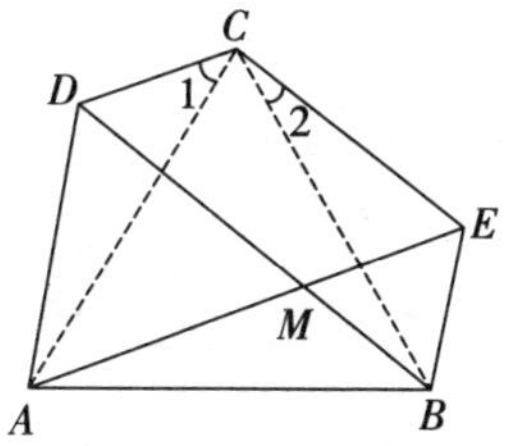

图3－14

道理很简单：$BE = ME = CD$，$CE = MD = AD$，$\angle BEC = 60° + \angle MEC = 60° + \angle MDC = \angle CDA$，因而$\triangle BEC \cong \triangle CDA$，于是$AC = BC$。只要再算出$\angle ACB = 60°$就够了，这不难：

$$\begin{aligned}\angle ACB &= \angle DCE - (\angle 1 + \angle 2)\\ &= (180° - \angle CEM) - (180° - \angle BEC)\\ &= \angle BEC - \angle CEM = \angle BEM = 60°。\end{aligned}$$

果然得到一个更大的正三角形！

在这个思路指导之下，下面的作图法便不难理解了：以 A 为中心，向四周用生锈圆规画出由边长为 1 的正三角形组成的“蛛网点阵”。这蛛网点阵是由一些同中心的正六边形组成的。在点阵中找出一点 M，使 $MB<2$。在点阵中一定可以再找到一点 D，使 $\triangle AMD$ 是正三角形（你能找到吗？注意：M 和 D 在同一层正六边形上）。又因为 $MB<2$，可以用前面的五圆作图法作正三角形 BME，再作 C 使四边形 $MECD$ 是平行四边形，则 $\triangle ABC$ 是正三角形，所要的 C 找到了（图 3－15）！

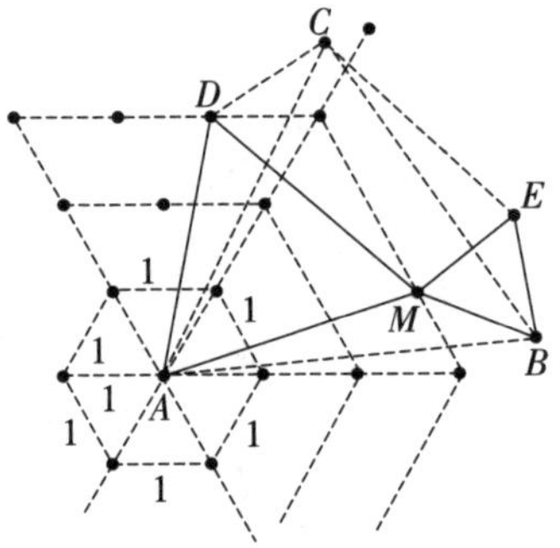

图 3－15

但是，这里有个问题：平行四边形是怎么出来的？用生锈圆规能把 C 点找出来吗？

这是办得到的，把 M 和 D 用长为 1 的一些线段连起来，M 和 E 也用长为 1 的线段连起来（当然，线段实际上画不出来，只能作出端点）。按图示所标号码顺序，用许多边长为 1 的小菱形凑起来，就可以找到 C 点了（图

3－16)。

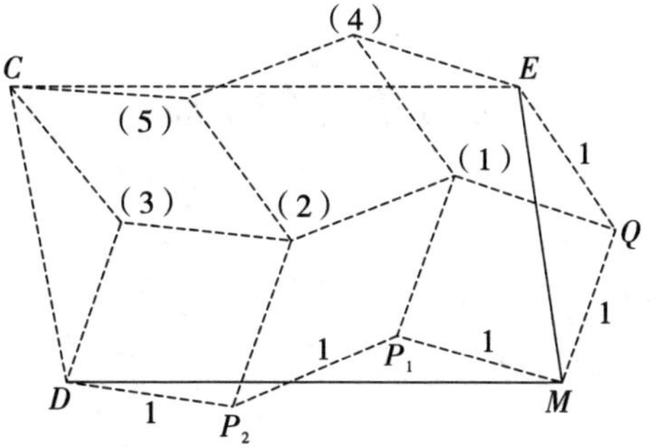

图 3－16

作图顺序：由 Q 与 P_1 作(1)，由(1)与 P_2 作(2)，由(2)与 D 作(3)，由 E 与(1)作(4)，由(4)与(2)作(5)，由(5)与(3)作 C。

这种用生锈圆规找出平行四边形的第四个顶点的方法，在解决佩多第二个问题时还十分有用呢！

自学青年的贡献

佩多教授得知中国同行解决了他的第一个生锈圆规作图问题之后，非常高兴。他在一篇短文中说，这是他最愉快的数学经验之一。

他希望他的第二个问题也能被解决。

我国的一位自学青年，没有考上大学的高中毕业生，花了一年的时间钻研这个问题。出人意料的是，这个使不少数学专家感到无从下手的问题，被他征服了。

他用代数方法证明：从已知两点 A、B 出发来作图，生锈圆规的本领和圆规直尺是一样的！这个结果远远超出了佩多教授的期望，使许多数学家感到惊讶！

利用他的思想，可以设计一个解决佩多第二问题的作图法。

佩多的第二问题是：已知 A、B 两点，只用一把生锈的圆规（它只能画半径为 1 的圆），找到线段 AB 的中点。要知道，线段 AB 是没有画出来的！

吸取了解决佩多的第一个问题的经验，我们把整个问题分解成几个部分：

（1）寻找一个较小的长度 d，当 $AB=d$ 时，可以用生锈圆规找出 AB 的中点。

（2）当 $AB<2d$ 时，作一个以 AB 为底、腰长为 d 的等腰三角形。两腰的中点找到了，利用作平行四边形的方法，底边的中点也可以找到，这就解决了 AB 很小时找中点的问题。

（3）若 A、B 离得远，就用蛛网点阵把它们联系起来，加以解决。

关键是找这个适当的长度 d。现在，这个 d 被找到了。它可以是 $\frac{1}{\sqrt{17}}$、$\frac{1}{\sqrt{19}}$、$\frac{1}{\sqrt{51}}$、$\frac{1}{\sqrt{271}}$。其中 $\frac{1}{\sqrt{19}}$ 引出的作图步骤比较简单。以下分几步叙述：

［**作图法 1**］若 A、B 两点距离等于 $\frac{1}{\sqrt{19}}$，用生锈圆规可以找出 AB 的中点。方法是：

1. 利用反复作正三角形顶点的方法，作直线 AB 上的点 B'、C、C'，使 $B'C'=B'A=AB=BC$（图 3-17）。

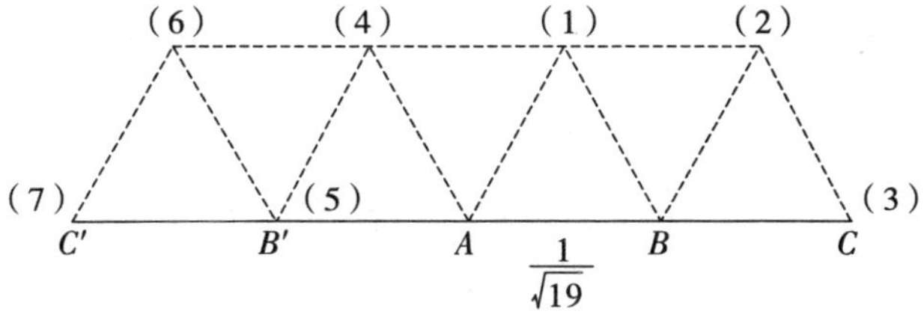

图 3-17

2. 分别以 C、C' 为圆心作半径为 1 的圆交于 D、D'，则 DD' 垂直平分 CC'。用勾股定理算出 $DA=D'A=\sqrt{\frac{15}{19}}$，$BD=\frac{4}{\sqrt{19}}$（图 3－18）。

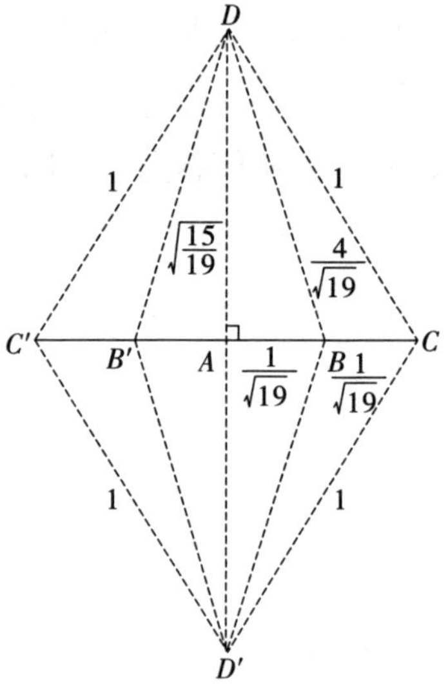

图 3－18

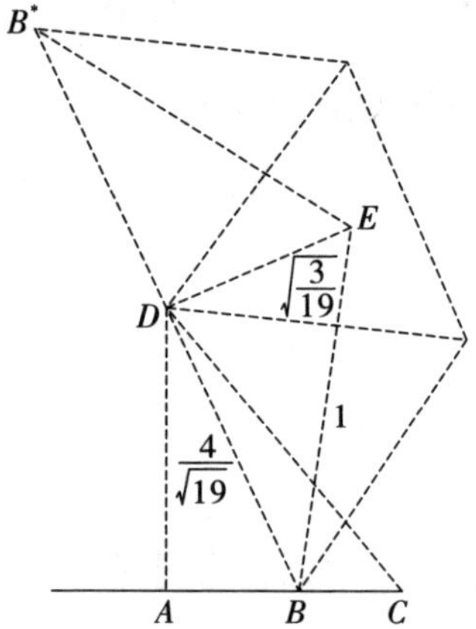

图 3－19

3. 利用作正三角形顶点的方法，找出 BD 延长线上另一点 B^*，使 $B^*D=BD$。然后，分别以 B、B^* 为圆心作半径为 1 的圆交于 E，则有 $ED\perp DB$，$ED=\sqrt{\frac{3}{19}}$（图 3－19）。

4. 利用作正三角形顶点的方法，作出 ED 延长线上一点 E^*，使 $E^*D=ED$。再作 G，使 $\triangle EE^*G$ 为正三角形，G 一定落在直线 BD 上。不妨设 G 在线段 BD 上，则 $DG=\sqrt{3}DE=\frac{3}{\sqrt{19}}$，$BG=\frac{1}{\sqrt{19}}$（图3－20）。

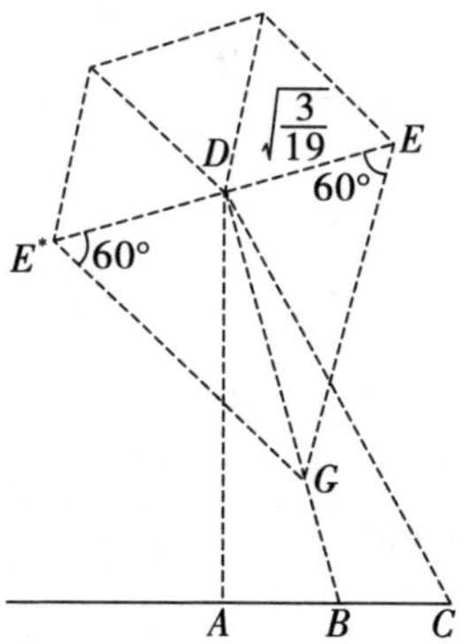

图 3－20

5. 同样在 BD' 上作出 G'，使 $BG'=BG=\frac{1}{\sqrt{19}}$，再作点 M，使四边形 $GBG'M$ 是平行四边形，则 M 在 AB 上。

因为$\triangle B'DB\backsim\triangle MGB$，故

$$\frac{MB}{B'B}=\frac{GB}{DB}=\frac{1}{4},$$

$$MB=\frac{1}{4}B'B=\frac{1}{2}AB,$$

于是找到了 AB 的中点（图 3－21）。

图中，$AB=BC=AB'=B'C'=\frac{1}{\sqrt{19}}$，$CD=C'D=CD'=C'D'=1$，$BE=1$，$AD=\sqrt{\frac{15}{19}}$，$BD=\frac{4}{\sqrt{19}}$，$DE=\sqrt{\frac{3}{19}}$，$DG=\sqrt{3}DE=\frac{3}{\sqrt{19}}$，$BG=\frac{1}{\sqrt{19}}$。

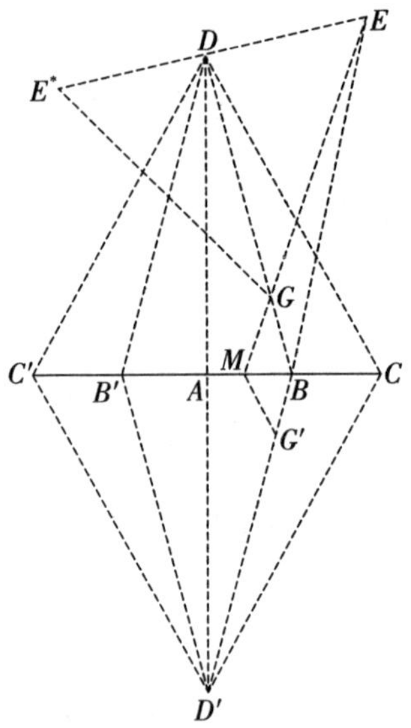

图 3-21

[作图法 2] 若 $AB<\frac{2}{\sqrt{19}}$，则可以用生锈圆规找出一点 C，使得 $AC=BC=\frac{1}{\sqrt{19}}$。

方法是：

1. 以 A、B 为基点，反复作正三角形的顶点，构成图示的五层小宝塔，宝塔顶点 C^* 与 A、B 在一起形成一个等腰三角形。利用勾股定理可以算出（图 3-22）：

$$AC^*=BC^*=\sqrt{19}AB。$$

2. 作出了 $\triangle ABC^*$ 之后，分别以 A、B、C^* 为圆心，用生锈圆规作圆，$\odot A$ 与 $\odot C^*$ 在左侧交于 Q，$\odot B$ 与 $\odot C^*$ 在右侧交于 P。再以 P、Q 为圆心作 $\odot P$ 与 $\odot Q$，

交于和 C^* 不同的一点 C（图 3－23）。

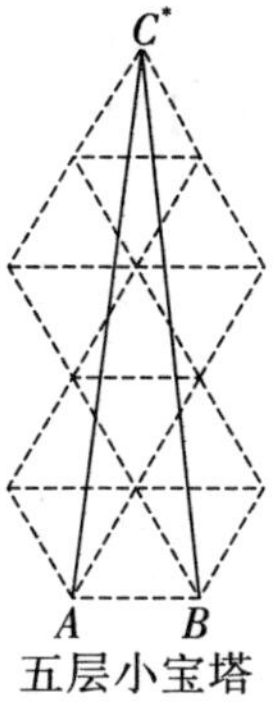

图 3－22

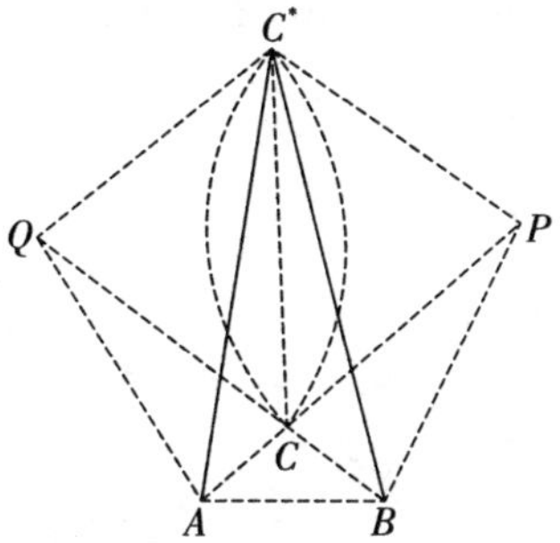

图 3－23

这时，由圆周角定理可知 $\angle BPC=2\angle BC^*C=\angle BC^*A$，所以有

$$\triangle AC^*B\backsim\triangle CPB,$$

于是

$$\frac{BC}{BP}=\frac{AB}{AC^*}。$$

由图 3－22 中 C^* 之作法知 $AC^*=\sqrt{19}AB$，又因 $BP=1$，便得

$$BC=AC=\frac{1}{\sqrt{19}}。$$

这一步作图任务便完成了。

［作图法 3］ 若 $AB<\frac{2}{\sqrt{19}}$，则可以用生锈圆规找出 AB 的中点。方法是：

按作图法 2（图 3－23），找出 C 点使 $AC=BC=$

$\frac{1}{\sqrt{19}}$。再按作图法 1（图 3－21），找出 AC 中点 D 和 BC 中点 E。作 M 使四边形 $DCEM$ 为平行四边形，则 M 一定是 AB 中点（图 3－24）。

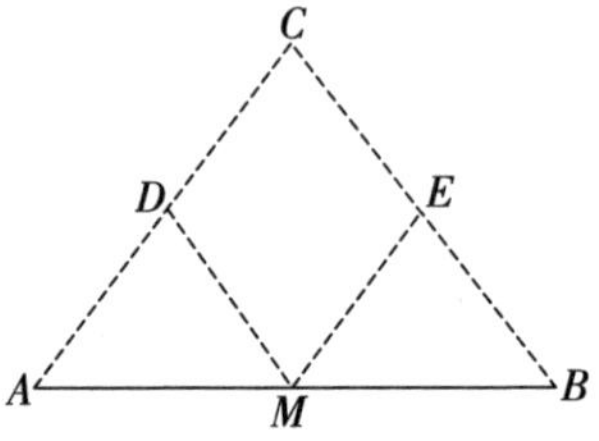

图 3－24

现在，我们可以把以上方法综合使用，完完全全地解决用生锈圆规找 AB 中点的问题了。

当 A 与 B 的距离 $AB<\frac{2}{\sqrt{19}}$时，问题已经解决了。如果 A、B 离得很远，我们就用解佩多第一个问题时用过的老办法，画一张蛛网点阵把 A、B 联系起来。

在点 A 附近取一点 D 使 $AD\leqslant\frac{1}{\sqrt{19}}$，再作点 E 使 $\triangle ADE$ 是正三角形。接着像地板铺砖一样用全等于 $\triangle ADE$ 的小三角形向 A 点的周围扩张，构成蛛网点阵。每两个小三角形凑成一个斜方格——菱形，点阵中的点可以看成斜方格的格子点。把这些格子点染成黑白两色。染色规则是：

(i) 点 A 是黑点。

(ii) 黑点沿直线走一步是白点，走两步就仍是黑点。

这样，如果 P 是黑点，线段 PA 的中点就是点阵中的某个点（黑点或白点）。由于每个方格边上都有一个黑点，所以可以找到一个黑点 P，使 $PB<\frac{2}{\sqrt{19}}$（注意：方格的边长不超过$\frac{1}{\sqrt{19}}$）。于是可用作图法 3 找出 PB 的中点 Q，而 AP 的中点 R 是点阵中的点。作 M 使四边形 $QPRM$ 为平行四边形，则 M 是 AB 的中点（图 3－25）。佩多的第二个问题彻底解决了。

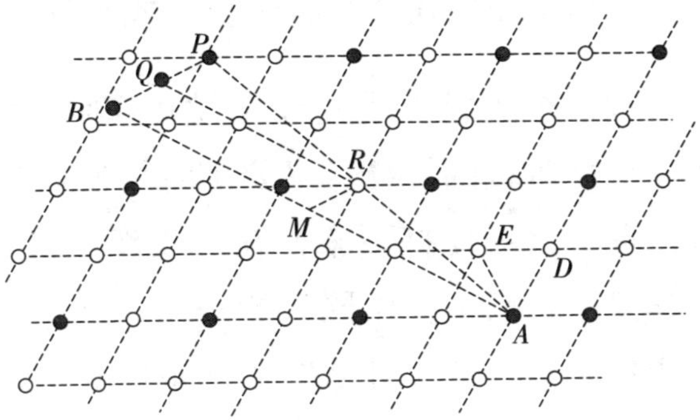

图 3－25

作图过程中，反复用到了“已知两点，找出第三点，使三个点成为正三角形顶点”这个作图法。这恰恰是佩多提出的第一个问题。老教授的目光确实敏锐。

中国数学工作者发现的“已知三点，找出第四点，使四点构成平行四边形”的作图方法，在生锈圆规的作图中，也起了基本的作用。

从“生锈圆规找中点”的作图过程中，我们看见一个事实：一个数学难题的解决，并不靠一两手绝招；巧妙而曲折的步骤的产生，靠的是步步为营的缜密安排，先把难题分解为几部分，再各个击破！

首先想到的是用蛛网点阵把 A、B 联系起来，其后，问题便集中在 AB 较小时如何找中点上。

下一步是以 AB 为底作出某种等腰三角形。两腰的中点找到了，底 AB 的中点也找到了。

等腰三角形的腰长 d 应当是多少，才能既便于找中点又便于作等腰三角形？这是一块硬骨头。数学工作者找到 $\frac{1}{\sqrt{19}}$，确实是经过几个不眠之夜、顽强探索的结果。

完成这么一个难以下手的作图设计，眼光既要看到全局，做出战略阶段的划分，又要细致地分析每个细节，实现战术任务。这一仗打下来，在尺规作图这一古老课题的研究记录上，写下了中国人的一页！

一把生锈圆规还能干什么？干的事可真不少。从 A、B 两点出发，用它可以作以 AB 为一边的正方形顶点、正五边形顶点、正八边形顶点、正十七边形顶点，用它可以找出 AB 的三等分点、五等分点、任意等分点。总之，圆规直尺能干的，它都能干。

不过，如果出发点是三个点，它的效果就不一定比得上圆规直尺了。这时，它究竟能干什么，不能干什么，还属于未知的领域，在等待你去探索。

青出于蓝

圈子里的蚂蚁

好多年以前，我像你们这样大的时候，曾经和小蚂蚁开过这样的玩笑：

用樟脑球在地上画个圈，圈住一只蚂蚁。可怜的小蚂蚁，爬来爬去，再也不敢爬出这个圈子了。

这个圈，是三角形的也好，正方形的也好，不规则的鸭蛋形也好，对小蚂蚁来说都是一样的——反正爬不出去。

在我们看来很不相同的三角形与圆，此时此刻，对于蚂蚁却没有什么区别了。蚂蚁感兴趣的是：这个圈有没有一个缺口？

有一门数学，叫拓扑学。数学家在研究拓扑学的问题的时候，倒和小蚂蚁有点同感。这时，他们也觉得，三角形的圈、圆形的圈、矩形的圈，没有什么分别，反正是个圈。

是不是拓扑学家的眼光就和蚂蚁的眼光完全一样呢？也不尽然。如果圈子很大，能圈进半个地球，或圈子极小，小得放不进一粒细沙，蚂蚁就无所畏惧了。这就是说，圈子的大小，在蚂蚁看来是不同的；但对于拓扑学家，圈子的大小是真正无所谓的，小得像原子，大得像太阳系，都一样，反正是个圈子。

在弹性很好的橡胶膜上画个图形，你把橡胶膜压缩、扯大或揉成一团的时候，图形会变得稀奇古怪。三角形也许会变成六边形，圆圈也许会变成一只小鸭。但只要不把橡胶膜扯破，不把某两部分黏合在一起，在拓扑学家看来，这个图形就等于没有变。

从拓扑学的观点来看，皮球和橡胶做的空心洋娃娃没有什么分别，但皮球和汽车轮胎却完全不同。的确，蚂蚁放在皮球里爬不出来，放在轮胎里也爬不出来，但拓扑学家却有更巧妙的手段来查清皮球与汽车轮胎之间的不同。如果轮胎里有两只蚂蚁，可以用一块圆环形隔板把它们隔开，在皮球里，圆环形的隔板是不可能把两只蚂蚁隔开的！

拓扑学家把我们眼里很多不同的图形看成是相同的，然后把他们眼里相同的图形归为一类。分类的结果，平面上的封闭曲线，如果不带端点，不带分岔点，就只有一种：圈。

空间的封闭曲面，如果不带边缘（圆筒、碗都有边缘，球、轮胎都没有边缘），不带分岔点，最简单的是球面。

球面上挖两个洞，镶嵌上一截管子（叫环柄），在拓扑学家眼里，便和轮胎没有分别了。再挖两个洞，又可以加一个环柄。一个球上可以镶上任意多个环柄。这样，现实空间里所有不带边的面、不带分岔点的曲面，便都在其中了。

端点　　分岔点

环柄

似乎在拓扑学家眼里，世界要简单一些。但拓扑学的问题却并不简单，有不少难题尚待解决。现代数学的许多分支，都要用到拓扑学的基本概念与成果。

最后，再回到蚂蚁爬不出的圈子里来。这样的一个圈，是一条连续的、封闭的、自己和自己不相交的曲线，叫做简单闭曲线，也叫“若当闭曲线”。若当，是19世纪法国数学家的名字。

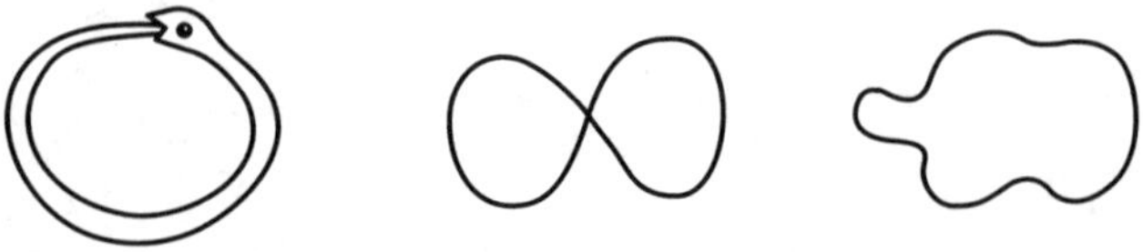

封闭——首尾衔接　　自相交　　不自交

一个这样的圈子把平面分成两部分——有限的内部和无限的外部。蚂蚁在内部可以从一点爬到另外任一点而不碰到圈子，在外部也可以。但要从外部到内部，或从内部到外部，就一定得经过圈子。这个事实，叫“若当定理”。

这么简单的事谁不知道，还配称为定理吗？我们这么想，若当以前的数学家也这么想。若当却不这么想。他敏锐地看出，这个问题可并不简单。因为，什么叫连续，什么叫封闭，什么叫内，什么叫外，都应当用数学语言精确地加以定义，再根据定义来证明：蚂蚁要爬出去必须经过圈子。这可就难了。

若当这么一指出，别的数学家也恍然大悟。若当严格地定义了这些概念，写了很长的一篇文章，证明了这条定理。

你看，我们眼里千变万化的图形，数学家可以认为是同样的圈——在数学家眼里，复杂的东西变得简单了。

反过来，数学家若当又从简简单单的一个圈里提出了难题。从简单的现象背后，揭示出深刻的道理。

三角形里一个点

一天，几何学家佩多教授，接到了某位经济学家打来的电话。这位经济学家向他请教：如果正三角形内有一个点 P，那么，不管 P 的位置在三角形内如何变动，P 到三边距离之和是否总是不变的呢？

他要弄清楚这个问题，因为在他的经济理论中要用到这个事实。

佩多马上给了让他满意的答复。如图 4－1，把 $\triangle ABC$ 分成 $\triangle PAB$、$\triangle PBC$、$\triangle PCA$，当然得到

$$S_{\triangle ABC}=S_{\triangle PBC}+S_{\triangle PAC}+S_{\triangle PAB}。$$

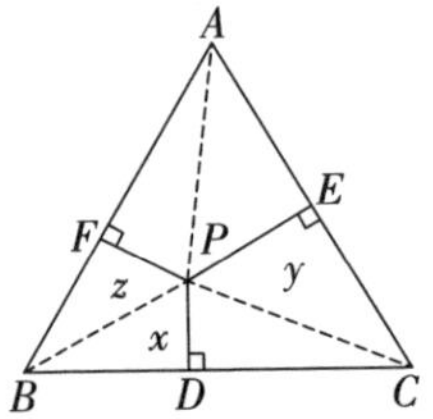

图 4－1

用 x、y、z 分别记 P 到 $\triangle ABC$ 三边的距离，由于 $\triangle ABC$ 三条边相等，设都是 a，则 $S_{\triangle PBC}=\frac{1}{2}ax$，$S_{\triangle PAC}=\frac{1}{2}ay$，$S_{\triangle PAB}=\frac{1}{2}az$。这么一整理，便得

$$x+y+z=\frac{2S_{\triangle ABC}}{a}。\qquad (1)$$

上式右端恰好是 $\triangle ABC$ 的高！

其实，那位经济学家大可不必为此去麻烦佩多教授，一个初中二年级的学生就能给他以满意的答复，因为这个题目常常被选为平面几何的习题！不过，它当初是数学家维维安尼的一条定理呢！

但是，这个小小的习题，却启发我们：从平凡的事实出发，有时能得到并不平凡的结论。

不是吗？把 $\triangle ABC$ 一分三块，三块加起来等于原来的那个三角形，这太平凡了。但正是这一平凡的事实和另一个平凡的公式“三角形面积等于底乘高之半”一结合，便得出一个有趣的结论。

数学家的眼光，常常能看出平凡事实背后不平凡的东西。

就在三角形内随便放一个点，这里就有不少文章可做。例如，在图 4－2 中，当然有

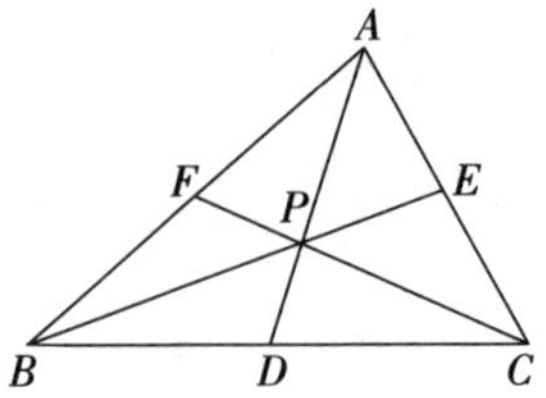

图 4 - 2

$$S_{\triangle PBC}+S_{\triangle PAC}+S_{\triangle PAB}=S_{\triangle ABC},$$

即 $$\frac{S_{\triangle PBC}}{S_{\triangle ABC}}+\frac{S_{\triangle PAC}}{S_{\triangle ABC}}+\frac{S_{PAB}}{S_{\triangle ABC}}=1。\qquad (2)$$

这仍然是平凡的，但如果你注意到：

$$\frac{S_{\triangle PBC}}{S_{\triangle ABC}}=\frac{PD}{AD},$$

$$\frac{S_{\triangle PAC}}{S_{\triangle ABC}}=\frac{PE}{BE}, \qquad (3)$$

$$\frac{S_{\triangle PAB}}{S_{\triangle ABC}}=\frac{PF}{CF},$$

把（3）代入（2）之后，得到

$$\frac{PD}{AD}+\frac{PE}{BE}+\frac{PF}{CF}=1, \qquad (4)$$

这就是一个不平凡的等式了。如果没想到它的来源（2），简直是一道难题！

但是，等式（3）是不是能归结为平凡的事实呢？确实能够。在小学里你已知道：同高三角形面积之比等于底之比，因而

$$\frac{S_{\triangle PDC}}{S_{\triangle ADC}}=\frac{S_{\triangle PDB}}{S_{\triangle ADB}}=\frac{PD}{AD}, \qquad (5)$$

用一下合比定律，就是$\frac{S_{\triangle PDC}+S_{\triangle PDB}}{S_{\triangle ADC}+S_{\triangle ADB}}=\frac{PD}{AD}$了。

再看图 4－2，如果不是考虑 3 个三角形的和，而是考虑乘积，就有一个平凡的等式：

$$\frac{S_{\triangle PAC}}{S_{\triangle PAB}}\cdot\frac{S_{\triangle PAB}}{S_{\triangle PBC}}\cdot\frac{S_{\triangle PBC}}{S_{\triangle PAC}}=1。\qquad(6)$$

这个等式和（2）有共同之处，右端都是 1。但是（6）更平凡。在（2）当中，还有一点几何意义——把$\triangle ABC$分成三块。在（6）当中，连这点几何意义也没有了：简简单单的就是分子分母一样，约掉之后是 1！

可是不要约它，一约就什么也得不到了。利用

$$\begin{aligned}&\frac{S_{\triangle PAC}}{S_{\triangle PAB}}=\frac{DC}{DB},\\&\frac{S_{\triangle PAB}}{S_{\triangle PBC}}=\frac{EA}{EC},\\&\frac{S_{\triangle PBC}}{S_{\triangle PAC}}=\frac{FB}{FA},\end{aligned}\qquad(7)$$

$\left(从\frac{S_{\triangle ADC}}{S_{\triangle ADB}}=\frac{S_{\triangle PDC}}{S_{\triangle PDB}}=\frac{DC}{DB}，用分比定律就得\frac{S_{\triangle PAC}}{S_{\triangle PAB}}=\frac{DC}{DB}\right)$

代入（6），便是

$$\frac{DC}{DB}\cdot\frac{EA}{EC}\cdot\frac{FB}{FA}=1。\qquad(8)$$

也就是说：在$\triangle ABC$内任取一点P，分别连AP、BP、CP交对边于D、E、F，则分三边所成的 6 条线段满足等式（8）。

反过来，可以证明：对 BC、CA、AB 边上的三点 D、E、F，如果（8）成立，则 AD、BE、CF 交于一点。

一正一反放在一起，这叫做塞瓦定理。而它之所以得证，其根源竟是平凡的等式（6）。

围绕着这三角形内的一个点做文章，出现过好几个数学竞赛题呢！

“设 P 是 $\triangle ABC$ 内任一点，连 AP、BP、CP 分别交对边于 D、E、F，则三个比值 $\frac{PA}{PD}$、$\frac{PB}{PE}$、$\frac{PC}{PF}$ 中，必有不小于 2 者，也必有不大于 2 者。”

这是一道匈牙利数学竞赛题。说穿了很简单：既然已有了（4）式：则 $\frac{PD}{AD}$、$\frac{PE}{BE}$、$\frac{PF}{CF}$ 当中，总有不大于 $\frac{1}{3}$ 的，也有不小于 $\frac{1}{3}$ 的$\left(\text{如果都大于}\frac{1}{3}\text{，加起来就比 1 大；如果都小于}\frac{1}{3}\text{，加起来又比 1 小了}\right)$。如果 $\frac{PD}{AD}\leqslant\frac{1}{3}$，则 $PD\leqslant\frac{1}{3}AD$，则 $PA\geqslant\frac{2}{3}AD$，于是 $PA\geqslant 2PD$。反过来，若 $\frac{PD}{AD}\geqslant\frac{1}{3}$，则 $PA\leqslant 2PD$。这就解决了。

题目变个样子：

“$\triangle ABC$ 内任一点 P，它到周界的最近一点的距离不超过它到最远一点距离的一半。”

这是国内的一道数学竞赛题。

事实上，P 到边界上最近一点距离 $d \leqslant PD$，最远一点距离 $d^{*} \geqslant PA$，如果 $PA \geqslant 2PD$，当然一定有 $d^{*} \geqslant 2d$ 了。

“如果 G 是 $\triangle ABC$ 的三条中线的交点——重心。任作过 G 的直线，交两条边于 M、N。求证：必有 $GN \leqslant 2GM$。”（图 4－3）

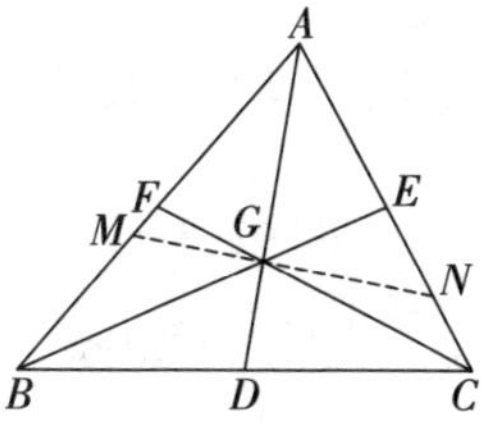

图 4－3

这是国内某省的一道数学竞赛题。

这个题目说穿了更简单。还是用小学生都知道的“等高三角形面积比等于底之比”来攻破它。因为 $\triangle AMG$ 和 $\triangle ANG$ 同高，故

$$\frac{GN}{GM}=\frac{S_{\triangle ANG}}{S_{\triangle AMG}}。 \tag{9}$$

但是 $S_{\triangle ANG} \leqslant S_{\triangle AGC}$，$S_{\triangle AMG} \geqslant S_{\triangle AGF}$。所以

$$\frac{GN}{GM} \leqslant \frac{S_{\triangle AGC}}{S_{\triangle AGF}}=2。 \tag{10}$$

这就证出来了。

最后这一步，用到 $S_{\triangle AGC}=2S_{\triangle AGF}$，怎么回事呢？原来，因为 $BD=DC$，所以 $S_{\triangle AGB}=S_{\triangle AGC}$。又因为 $FA=FB$，得 $S_{\triangle AGF}=S_{\triangle BGF}$，所以 $S_{\triangle AGF}=\frac{1}{2}S_{\triangle AGC}$。

如果不这样分析，干脆用重心性质，得 $GF=\frac{1}{2}GC$，可就不那么平凡了。

上面这个题目着眼于 P 所分的两线段之比，有的数学家想到了面积比，出了这么个竞赛题：

“过$\triangle ABC$ 重心 G 作一直线把$\triangle ABC$ 分成两块。较小的一块，其面积不小于$\triangle ABC$ 面积的$\frac{4}{9}$。”

如图 4－4，过重心 G 作直线分别交 AB、AC 于 P、Q。如果 $PQ /\!/ BC$，也就是说 P、Q 分别在 M、N 处，则 $S_{\triangle AMN}$恰好是$\frac{4}{9}S_{\triangle ABC}$。这是因为 $GD=\frac{1}{3}AD$，所以 $BM=\frac{1}{3}AB$，$CN=\frac{1}{3}AC$ 之故。

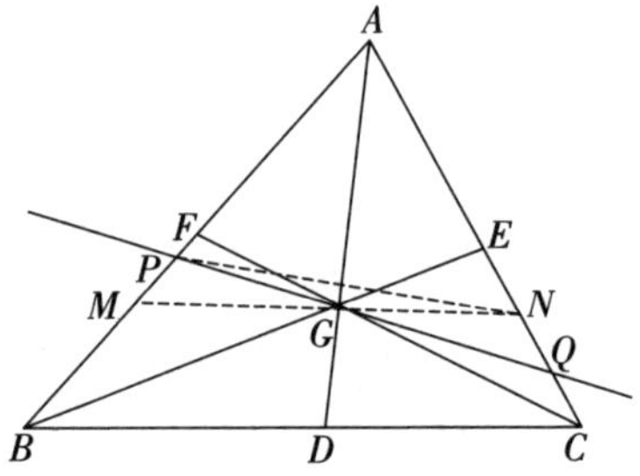

图 4－4

那么，当直线离开 MN 绕G 转动，在 Q 向C 靠（P 向F 靠）的过程中，$S_{\triangle APQ}$是不是在变大且趋于$\frac{1}{2}S_{\triangle ABC}$呢？如果是，也就证出来了。

为此，应当证明 $S_{\triangle GNQ}\geqslant S_{\triangle GMP}$。因为 G 是 MN 中点，所以 $S_{\triangle GMP}=S_{\triangle GNP}$，但是，由 $S_{\triangle APG}\leqslant S_{\triangle AQG}$，得 $PG\leqslant QG$，从而 $S_{\triangle GNP}\leqslant S_{\triangle GNQ}$，即 $S_{\triangle GMP}\leqslant S_{\triangle GNQ}$。

这个题，归根结底主要仍是用小学里已知道的“同高三角形面积比等于底之比”！

这些数学竞赛题当然是出给中学生做的。也许你不曾想到，三角形内的这个点也是数学家发现某些有名结果的源泉呢。

17 世纪的法国数学家费马，提出过这么一个问题：已知平面上有 D、E、F 3 点，寻求一点 P，使（$PD+PE+PF$）最小。

形象地说：D、E、F 是一片平原上的 3 个村庄。要盖一所小学校于 P 点，使 3 个村庄的孩子们上学走的这 3 条路总长最短，这个学校 P 应当盖在什么地方？

本节一开始的图 4－1，可以简单地回答这个问题。事实上，在图 4－1 中，如果 D、E、F 恰巧是某个正三角形三边上的点，当 PD、PE、PF 分别与正三角形三边垂直时，P 就是学校应当选取的位置。

不信，另选一点 Q 比比看。（$QD+QE+QF$）当然要比 Q 到$\triangle ABC$ 三边距离之和要大，因为斜线比垂线长！又 Q 到这三边距离之和与 P 到这三边距离之和是一样的（如果 Q 在$\triangle ABC$ 外，Q 到三边距离之和会更大），所以也就推出

$$QD+QE+QF>PD+PE+PF,$$

这就表明 P 到 D、E、F 距离之和比任意另一点到这三点的距离都小！

剩下的问题是如何确定点 P。分析图 4－1，因为 $\angle A$、$\angle B$、$\angle C$ 是 60°，可以算出 $\angle DPE$、$\angle EPF$、$\angle FPD$ 都是 120°，这提供了寻找 P 点的线索。如图 4－5，在 EF 边和 DE 边上向外作正三角形 $\triangle DES$ 和 $\triangle EFR$。再作这两个正三角形的外接圆交于不同于 E 的点 P。因为 $\angle DPE$ 与 $\angle S$ 互补，所以 $\angle DPE = 120^\circ$。同理 $\angle EPF = 120^\circ$，当然 $\angle DPF$ 也是 120° 了。过 D、E、F 分别作 PD、PE、PF 的垂线，三条线自然围成正三角形。

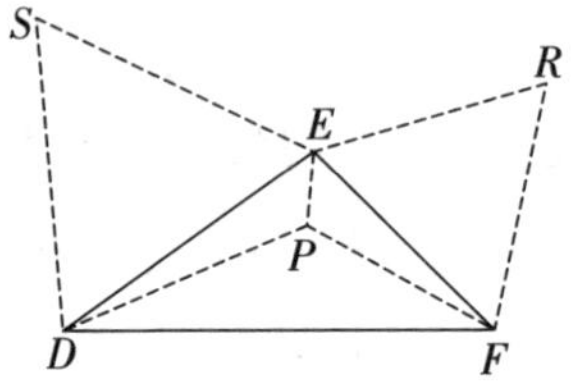

图 4－5

这样，费马的问题就被解决了，这是卡瓦利列首先发现的方法。

要补充一句的是：如果 $\angle DEF \geqslant 120^\circ$，两圆的交点不会落在 $\triangle DEF$ 之内。这时，P 应当取在 E 点。这里就不证明了。

作为这一节的结束，我们介绍一个 20 世纪的数学家发现的定理——厄尔多斯—蒙代尔不等式。

厄尔多斯是当代卓越的数学家。他兴趣广泛，成果丰硕，发表过上千篇数学论文，而且特别善于提出问题和猜想。1935 年，他提出下面的猜想：

设 P 为$\triangle ABC$ 内部或边上一点，P 到三边的距离分别为 x、y、z，则

$$PA+PB+PC\geqslant 2(x+y+z)。\tag{11}$$

两年之后，数学家蒙代尔证明了这个猜想，大家便把（11）叫做“厄尔多斯—蒙代尔不等式”。

下面的证法，基于平凡的事实，比蒙代尔当初的证法要简单。

如图 4－6，过 P 作直线分别交 AC、AB 于 B'、C'，并且使$\angle AB'C'=\angle ABC$。于是有$\triangle AB'C'\backsim\triangle ABC$。

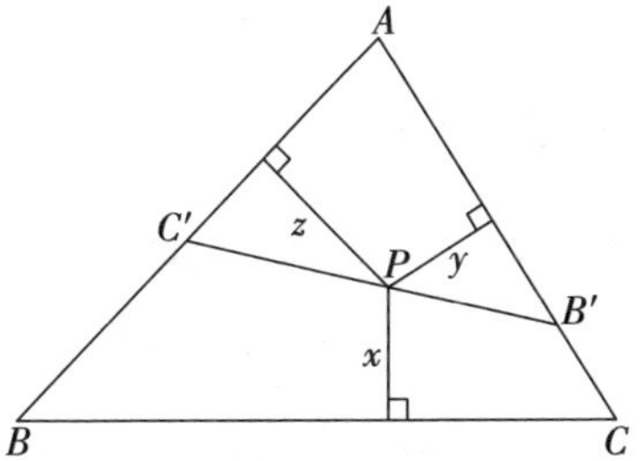

图 4－6

用 a、b、c 和 a'、b'、c'分别记$\triangle ABC$ 和$\triangle A'B'C'$的三边之长。则

$$\frac{a'}{a}=\frac{b'}{b}=\frac{c'}{c}=k>0。\tag{12}$$

因为 $S_{\triangle PAC'}+S_{\triangle PAB'}=S_{\triangle AB'C'}$，故

$$\frac{1}{2}z\cdot AC'+\frac{1}{2}y\cdot AB'=S_{\triangle AB'C'}\leqslant\frac{1}{2}AP\cdot B'C',\tag{13}$$

即 $zb'+yc'\leqslant AP\cdot a'$，从而 $zb+yc\leqslant AP\cdot a$，也就是

$$z \cdot \frac{b}{a} + y \cdot \frac{c}{a} \leqslant PA。\quad (14)$$

同理

$$y \cdot \frac{a}{c} + x \cdot \frac{b}{c} \leqslant PC，\quad (15)$$

$$x \cdot \frac{c}{b} + z \cdot \frac{a}{b} \leqslant PB。\quad (16)$$

把（14）、（15）、（16）三式加起来，整理一下

$$x\left(\frac{c}{b} + \frac{b}{c}\right) + y\left(\frac{a}{c} + \frac{c}{a}\right) + z\left(\frac{a}{b} + \frac{b}{a}\right) \leqslant PA + PB + PC。\quad (17)$$

因为$\frac{c}{b} + \frac{b}{c} \geqslant 2$，$\frac{a}{c} + \frac{c}{a} \geqslant 2$，$\frac{a}{b} + \frac{b}{a} \geqslant 2$，所以（17）式左端大于等于 $2(x+y+z)$，于是

$$2(x+y+z) \leqslant PA + PB + PC。$$

如果想使上式取等号，那么从推理过程中可见必须有 $a=b=c$，即$\triangle ABC$ 是正三角形；又必须有 $AP \perp BC$，$BP \perp AC$，$CP \perp AB$，即 P 是$\triangle ABC$ 的中心。

三角形中一个点，这样简简单单的图形变出了多少花样啊！数学家眼里，一个基本图形，就像孩子手里的万花筒，稍一转动，就会出现一种美丽的花朵图案；但拆开来，只是几片不起眼的涂有颜色的纸片而已。

大与奇

有一句大家常说的话："世界之大，无奇不有。"这句话把"大"与"奇"联系起来了。

意思是清楚的：在大量的事物或现象当中，常常会出现一些奇怪的、似乎是巧合的事物或现象。

奇怪的事物，巧合的现象，它的发生似乎是偶然的。但在一定条件下，表面上是偶然的东西，却又必然出现。

围棋有黑子、白子。你随手抓 2 颗棋子，这 2 颗恰好都是白子，真巧！恰巧都是黑子，也可以说真巧。"两颗棋子颜色相同"这件事有偶然性。

但是，如果你抓 3 颗棋子，其中必有 2 颗相同。这时，偶然的事变成必然发生的了。

棋子数量的增多，使偶然成为必然。

这不是太平常、太简单了吗？

但是，在许多司空见惯的平凡现象的背后，往往隐藏着深刻的道理。有些数学家，正是抓住了平凡现象背后的道理，深深发掘，形成数学观念，阐发为著名的定理。

3颗棋子必有2颗同色。5颗呢？8颗呢？100颗呢？你会进一步想道：$2n+1$颗棋子中必有$n+1$颗同色，$2n$颗棋子中必有n颗同色！

围棋有黑白两色，而跳棋可以有6种颜色。于是，7颗跳棋子中必有2颗同色，13颗跳棋子里必有3颗同色！

一般的规律是：把m个东西分成n组，如果m大于n的k倍，那么必有某一组包含了不少于（$k+1$）件东西。

比如，把30个乒乓球放到7个抽屉里，因为30大于7的4倍，每个抽屉里只放4个肯定放不完，所以至少有一个抽屉里不少于5个乒乓球。

这个道理就叫抽屉原理，或者鸽笼原理、邮箱原理。

人的头发很多，如果两个人头发的根数一样多，该是一件巧合吧！你相信吗，在今天的中国，至少有1万人，他们的头发根数一样多呢！

这不过是抽屉原理的简单应用而已。人的头发不会超过10万根。把头发根数相同的人放到一个大“抽屉”里去，总共有不到10万个“抽屉”。10多亿人分到10万个“抽屉”里，总有一个“抽屉”里超过万人吧。

反复用抽屉原理，会得到很不明显的结论。

几十年前，国际数学竞赛中有一道试题风靡一时：

“求证：任意 6 人到一起，必有 3 人彼此早已认识或彼此本不相识。”

这道看来奇妙的试题，仍是抽屉原理的应用。

为了形象，不妨把 1 个人用 1 个点表示，6 个人就是 6 个点。2 个人早已认识，2 点之间就连 1 条红线。本不相识，就连 1 条蓝线。如果有 3 个人彼此早已相识，那就会出现 1 个红色三角形。有 3 个人素不相识，就出现 1 个蓝色三角形。要证明的题目变成了：

“把 6 个点中每两点连一条线，每条线染上红色或蓝色，则必出现单色三角形（红色三角形或蓝色三角形）。”

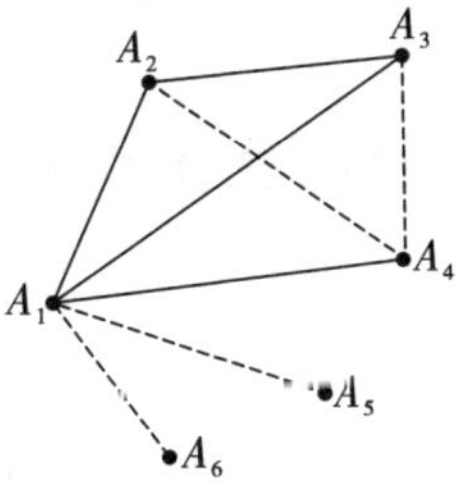

图 4 - 7

证明是这样的：如图 4 - 7，设 6 个点是 A_1、A_2、A_3、A_4、A_5、A_6。从 A_1 出发有 5 条线，这 5 条线中总有 3 条同色。不妨说 A_1A_2、A_1A_3、A_1A_4 这 3 条是红的。如果$\triangle A_2A_3A_4$ 是蓝色三角形，就已经出现了单色三角形。若不然，$\triangle A_2A_3A_4$ 有一条红边。例如 A_2A_3 是

红的，则$\triangle A_1A_2A_3$就是红三角形。证毕。

这里，第一步推理就是“5 条线染成红蓝两色，其中总有 3 条同色”，正好用了抽屉原理！

由一些点和这些点之间的连线构成的图形叫做一个图。图可以用来直观地表示 n 个事物之间的关系。比方说，A、B、C、D、E 这 5 个球队进行循环比赛。如果已赛了 6 场——A 与 B、C 与 D、E 与 A、D 与 B、C 与 E、A 与 D，则可以用一个图来表示。一看图，一目了然，就知道哪两个队之间还没赛（图 4－8）。

如果每两个队都赛过了，那么图上每两点之间都有连线。这种每两点之间都有连线的图，叫完全图。

图中的点 A，B，C，…叫做顶点。刚才那个题目的结论就是：

“6 顶点的两色完全图总有单色三角形。”

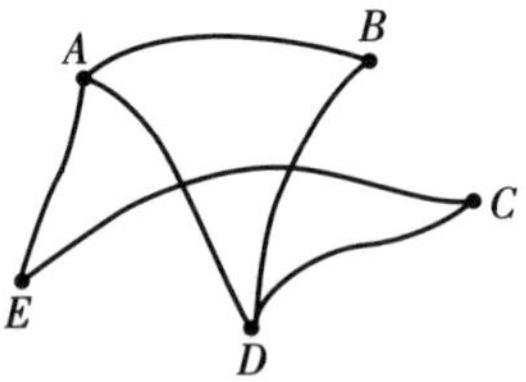

图 4－8

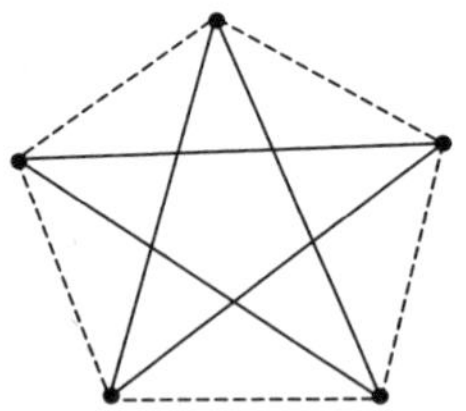
图 4－9

那么，5 顶点完全图是不是一定有单色三角形呢？回答是不一定。如图 4－9，实线表示红色，虚线表示蓝色。这个 2 色 5 顶点完全图，没有单色三角形。

而 6 顶点 2 色完全图，不但一定有单色三角形，而且至少有 2 个！道理也不复杂。刚才已证明有单色三角形。设$\triangle A_1A_2A_3$ 是红色三角形。如果$\triangle A_4A_5A_6$ 也是红色三角形，当然万事大吉。若不然，$\triangle A_4A_5A_6$ 中必有蓝边。不妨设 A_4A_5 是蓝边，从 A_4 向 A_1、A_2、A_3 连的 3 条线中，至多有 1 条红线，否则就又有红色三角形了。同理，从 A_5 到 A_1、A_2、A_3 连的 3 条线中，至多也只有 1 条红线。因此，A_1、A_2、A_3 中总有 1 点和 A_4、A_5 都由蓝线相连。这就出现了蓝色三角形。证毕。

有人自然会问：7 顶点、8 顶点、更多顶点的 2 色完全图里，至少有几个单色三角形呢？

研究结果表明，7 顶点 2 色完全图至少有 4 个单色三角形，8 顶点 2 色完全图至少有 8 个单色三角形，9 顶点 2 色完全图至少有 12 个单色三角形。

一位叫古特曼的数学家在 1959 年证明：$2m$ 个顶点的 2 色完全图至少有$\frac{1}{3}m(m-1)(m-2)$个单色三角形。$4m+1$ 顶点的 2 色完全图至少有$\frac{2}{3}m(m-1)(4m+1)$ 个单色三角形。$4m+3$ 顶点的 2 色完全图至少有$\frac{2}{3}m(m+1)\cdot(4m-1)$个单色三角形。

那么，进一步问，3 色完全图里有多少单色三角形呢？

在 1964 年的国际中学生数学竞赛中有这么一个

题目：

“有 17 位科学家两两相互通信，每两人讨论 1 个题目。他们总共讨论 3 个题目。试证明：其中一定有 3 个人讨论的是同一个题目。”

17 个人就是 17 个点。3 个题目好比 3 种颜色：红、蓝、黄。随着题目的不同，两点之间画不同颜色的线。3 人讨论同一个题目，便是 1 个单色三角形。

所以，这个题目也就是：

求证：17 顶点的 3 色完全图至少有 1 个单色三角形。

这个题目不难，你不妨自己试着做一做。实际上，数学家已经证明，17 顶点的 3 色完全图至少有 4 个单色三角形呢！

三角形是三个顶点的完全图。在顶点很多的多色完全图中，是否一定有多顶点的单色完全图呢？

数学家拉姆赛从最一般的观点探索了这个问题，建立了一条“拉姆赛定理”。这条定理严格叙述起来很难懂。它的通俗的意思是：在足够大的系统里，一定能找到具有某些特殊性质的相当大的子系统。

比方说，只要多色完全图的顶点足够多，其中必然会有单色的 100 顶点完全图。但是，大系统具体大到什么程度才一定会有这种 100 个顶点的单色完全图呢？这还有待研究。

对拉姆赛定理的研究，已经形成了组合数学的一个相当大的分支。而它的出发点，却是“3 个围棋子中必有 2 个同色”这一平凡事实。

抓住平凡的事实，思考、探索、发掘，常能开拓出一个广阔的天地。数学家的眼光，就是这样由近及远，透过平凡的现象看到深刻的底蕴。

不动点

同一天里从北京开往上海的列车和从上海开往北京的列车，必然在途中某处相遇。

百米赛跑中，一开始落后了的选手想得冠军，必须从一个一个对手的身边越过。

这些都是尽人皆知的平凡事实。

平凡的事实，有时略变一个花样，就不那么平凡了。有这么一个智力测验题：

小明于早晨 6 点出发爬山，晚上 6 点到了山顶。第二天，他于早晨 6 点开始从山顶由原路向下走，最后回到了原出发地。请问：在上山下山的途中有没有这么一个地点，当小明上山下山经过这个地点时，他的手表显示出同样的时刻。

回答是肯定的，而且道理十分浅显。你不妨想象这不是一个小明在两天里的活动，而是两个小明在同一天里的活动。小明甲从早6点开始向山上爬，小明乙同时出发由山顶向下走。如果两人的手表都对准了北京时间，途中两人相遇之处，两块手表当然显示出同一时刻！

把这些平凡的现象用数学语言表达，便成了一条重要的定理，叫做“连续函数的介值定理”。它的意思是说：

一个连续变化的量，如果在某个时刻它是正的，在另一个时刻它又变成了负的，那么，中间一定有某个时刻它恰好是0。

比方说，跳水运动员从跳台凌空而下，开始他的高度是正10米，几秒之后，他在水面以下4米——高度是负4米。当然，在这几秒钟的某一瞬间，他的高度是0——正在穿过水面。

初冬天气，中午是5摄氏度，夜里冷到－6摄氏度，这中间必然有一个时刻是0摄氏度。

这么看，所谓“介值定理”，岂不太平凡了？

是的，它很平凡。但世界上平凡的东西常常有大的用场。空气和水，到处都有，但非常重要。这个道理数学家是深知的。

从介值定理能推出许多有趣而又有用的结论。不动点定理就是其中之一。

设想把一根橡皮条拉长，拉长到1米，两端固定在一根米尺的两端。米尺上是有刻度的：1厘米、2厘米……于是，可以在橡皮条上也画上记号。橡皮条上的每个点对应于一个数 x。x 在 0 与 100 之间。

手一松，橡皮条自然会缩短。如果这橡皮条是你用剪刀从一块破的自行车内胎上剪下来的，宽窄厚薄不均匀，那么，它的伸长缩短也是不均匀的。从 10 厘米点到 30 厘米点这一段，拉长时是 20 厘米，恢复之后也许只剩 16 厘米了。而从 50 厘米到 80 厘米这一段，拉长时也是 20 厘米，恢复之后也许只剩 12 厘米。

把缩短了的橡皮条仍然放在尺子上，再按照尺子上的刻度在每个点作记号 y，y 与原来的 x 就对应起来了。

从拉长到缩短，橡皮条上的每个点的位置都经历了一次变化，一个运动，从 x 变到 y。这个运动可能很不规则，很难掌握。但是，数学家知道有一件事是确凿无疑的——橡皮条上至少有一个点，它的位置没有变化！或者说，这场剧烈运动的结果，它仍然在原处——岿然不动！

这就是线段上的不动点定理！

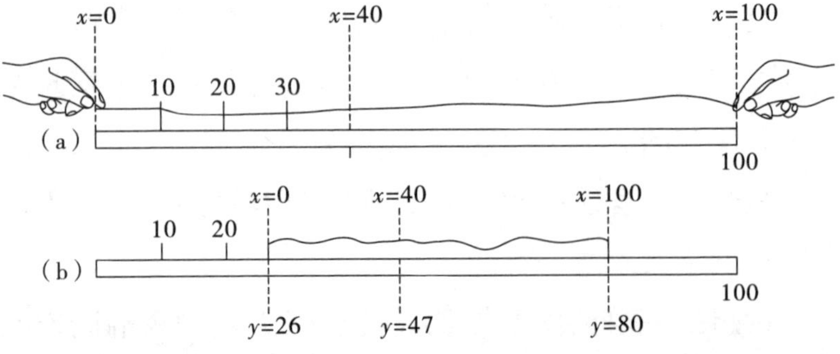

图 4－10

这个不动点定理证明起来很简单：如图 4－10，橡皮条的左端向右运动——$(y-x)$ 是正的，而它的右端却向左运动——$(y-x)$ 是负的。让点从左到右连续变化，$(y-x)$ 也连续变化，它从正变到负。根据介值定理，中间总有一点使 $y-x=0$，也就是位置没有变！

抛开橡皮条，从数学上说，便是这么回事：如果一条线段，经过连续变换，但每个点都仍在这条线段上。那么，一定有一个点位置不变。

数学家进一步研究，发现平面上也有不动点定理，而且更加有趣。

一个长方形，比如，这是一幅地图吧，一幅画在绷紧了的橡胶薄膜上的中国地图。把周围的木框去掉，地图不再绷紧，它收缩变形，摆在原来的中国地图上，地图上的每一点都有了新的位置。北京也许到了兰州，上海说不定挪到了西安，海南岛爬上了大陆。但是，不动点定理告诉我们，有一个地方肯定没有动。至于这个地方是郑州、重庆，还是南京雨花台，那就不知道了——那要根据变动的具体情况而定。

如果你想亲手找出一个不动点来，我们可以做一个简单实验。长方形 $ABCD$ 按比例缩小成为长方形 $A'B'C'D'$。把 $A'B'C'D'$ 安置在 $ABCD$ 之内。这表示 $ABCD$ 上的点到了新的位置，A 到了 A' 处，B 到了 B' 处，C 到 C' 处，D 到 D' 处。任一点 P 到了 P' 处。因为是按比例缩小，应当有$\triangle PAB \backsim \triangle P'A'B'$。请你证明，一定有一个点$Q$与运动之后的$Q'$重合——也就是没有动！这就是请你找一个点$Q$，使$\triangle QAB \backsim \triangle QA'B'$。

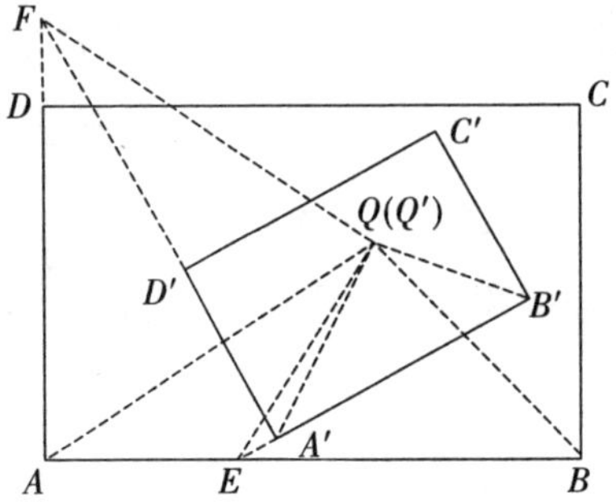

图 4 - 11

初看，这个Q不好找。你不妨想象它已找到了。如图 4 - 11，延长$B'A'$交直线AB于E。由于$\triangle A'B'Q \backsim \triangle ABQ$，故$\angle QB'A' = \angle QBE$。这表明$Q$、$B'$、$B$、$E$四点共圆。而其中三点$B'$、$B$、$E$可以事先确定。同样道理，延长$A'D'$交$AD$于$F$，由$\angle QA'F = \angle QAF$可以知道$Q$、$A'$、$A$、$F$四点共圆，即$Q$又在$A'$、$A$、$F$所确定的圆上。只要分别作$\triangle B'BE$和$\triangle A'AF$的外接圆，两圆的交点就确定了$Q$。

在这种特殊的情形下，你亲手捉住了一个不动点。

在圆周上没有不动点定理。圆周自身稍转一下，所有的点都动了。但是，球面上却有不动点定理。

数学家不是气象学家，但是，根据球面上的不动点定理，数学家却敢断言：任何时候，地球上总有一个地方不刮风！

任一时刻，在地球表面上每个点都可以画一个箭头。箭头的方向表示当地的风向，箭杆的长短表示风速的大小。这些箭头可以表示一个运动：每个点从箭尾跑到箭头。根据球面上的不动点定理，一定有个点不动，也就是有一个地方箭杆之长为 0，即这里风速为 0！

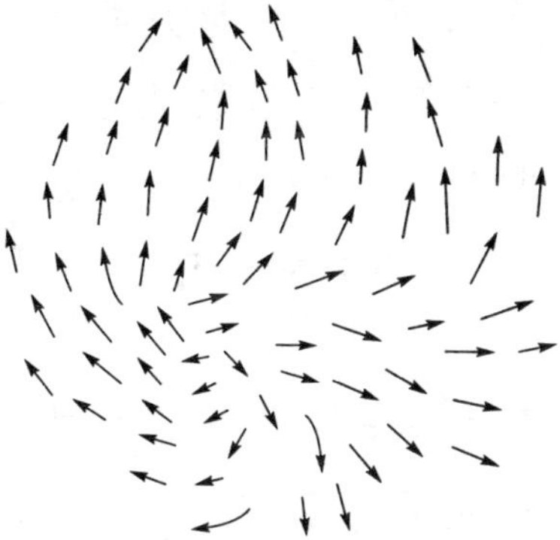

数学家花了很大力气研究不动点，发现了各式各样的不动点定理。关于不动点的科学研究论文有上千篇之多。直到今天，它还是数学家的研究课题呢！

为什么数学家对不动点如此感兴趣呢？原来，各式各样的方程求解问题，都可以化成寻找某个变换下的不动点问题。例如，要求方程

$$x^3+2x-1=0 \tag{1}$$

的根时，先把方程变形为：

$$x^3+3x-1=x, \tag{2}$$

这只要两边同时加个 x 就成了。再把（2）的左端写成

y，即设

$$x^3+3x-1=y, \tag{3}$$

于是（3）式反映了一个变换的规律。拿个 x 来，代入（3）的左端，便能求出一个 y——x 变成了 y。例如，0 变成 -1，1 变成 3，2 变成 13，等等。如果某个 x_0 代到左端，计算之后结果仍是 x_0，则 x_0 就是变换（3）的不动点。x_0 满足（2），所以它就是方程（1）的根。

刚才的 x 是一个数，它是数轴上的一个点；平面上一个点可以代表两个数；空间的一个点可以代表三个数：所以一个空间变换下的不动点相当于某个三元方程组的解。

在数学家眼里，甚至一串无穷个数、一条曲线、一个曲面……都可以看成一个点。这样，寻求某种未知数串、未知曲线、未知曲面的问题，便都可以化归为找寻不动点的问题了。

偏题正做

洗衣服的数学

我们爱清洁，衣服脏了要洗。

我们要节约用水，希望用一定量的水把衣服尽量洗干净。

这就提出了数学问题。本来嘛，当你用数学家的眼光看周围事物的时候，处处都能提出数学问题。

但是，数学家不喜欢含含糊糊的问题。先要把问题理清楚，把现实世界的问题化为纯数学的问题。这叫做建立数学模型。

现在衣物已打好了肥皂，揉搓得很充分了。再拧一拧，当然不可能完全把水拧干。设衣服上还残留含有污物的水 1 斤，用 20 斤清水来漂洗，怎样才能漂得更干净？

如果把衣服一下放到 20 斤清水里，那么连同衣服上那 1 斤水，一共 21 斤水。污物均匀分布在这 21 斤水里，拧干后，衣服上还有 1 斤。所以污物残存量是原来的$\frac{1}{21}$。

通常你不会这么办，你会把 20 斤水分 2 次用。比如第一次用 5 斤，使污物减少到$\frac{1}{6}$，再用 15 斤，污物又减少到$\frac{1}{6}$的$\frac{1}{16}$，即$\frac{1}{6\times16}=\frac{1}{96}$。分 2 次洗，效果好多了。

同样分 2 次洗，也可以每次用 10 斤，每次都使污物减少到原有量的$\frac{1}{11}$，$\frac{1}{11}\times\frac{1}{11}=\frac{1}{121}$。2 次可以达到$\frac{1}{121}$的效果！

要是不怕麻烦，分 4 次洗呢？每次 5 斤水，每次都使污物减少到原有的$\frac{1}{6}$，4 次之后，污物减少到原有的$\frac{1}{6^4}=\frac{1}{1\,296}$，效果更佳！

但是，这样是不是达到最佳效果了呢？

进一步问，如果衣服上残存水量是 1.5 斤或 2 斤，洗衣用水量是 37 斤，那么又该怎么洗法？

你会想到用字母代替数了，这样能使问题一般化。设衣服充分拧干之后残存水量 w 斤，其中，含污物 m_0 克。漂洗用的清水 A 斤。

我们把 A 斤水分成 n 次使用，每次用量是 a_1，a_2，a_3，…，a_n（斤）。经过 n 次漂洗后，衣服上还有多少污物呢？

第一次，把带有 m_0 克污物和 w 斤水的衣服放到 a_1 斤水中，充分搓洗，使 m_0 克污物溶解或均匀悬浮于 $(w+a_1)$ 斤水中。

把污水倒掉，衣服拧干的时候，衣服上还残留多少污物呢？由于 m_0 克污物均匀分布于 $(w+a_1)$ 斤水中，所以衣服上残留的污物量 m_1 与残留的水量 w 成正比：

$$\frac{m_1}{m_0}=\frac{w}{w+a_1}, \tag{1}$$

故得

$$m_1=m_0\cdot\frac{w}{w+a_1}=\frac{m_0}{\left(1+\frac{a_1}{w}\right)}。 \tag{2}$$

类似分析可知，漂洗 2 次之后衣服上污物量为

$$m_2=\frac{m_1}{\left(1+\frac{a_2}{w}\right)}=\frac{m_0}{\left(1+\frac{a_1}{w}\right)\left(1+\frac{a_2}{w}\right)}, \tag{3}$$

而 n 次洗涤之后衣服上残存污物量为

$$m_n=\frac{m_0}{\left(1+\frac{a_1}{w}\right)\left(1+\frac{a_2}{w}\right)\cdot\cdots\cdot\left(1+\frac{a_n}{w}\right)}。 \tag{4}$$

有了这个公式，也就是建立了数学模型。下一步的问题是：

（1）是不是把水分得越匀，洗得越干净？

（2）是不是洗的次数越多越干净？

先考虑第一个问题。对固定的洗涤次数 n，如何选取 a_1，a_2，…，a_n，才能使 m_n 最小？也就是使（4）的右端的分母最大？

这个分母是 n 个数之积。这 n 个数之和是

$$\left(1+\frac{a_1}{w}\right)+\left(1+\frac{a_2}{w}\right)+\cdots+\left(1+\frac{a_n}{w}\right)=n+\frac{A}{w}。\qquad(5)$$

于是问题化为：当 n 个数之和为一定值 $S=n+\frac{A}{w}$ 时，n 个数的乘积何时最大？

用“平均不等式”马上可以解决这个问题。平均不等式说：任意 n 个正数 c_1，c_2，…，c_n 的“几何平均数”不超过它们的“算术平均数”。也就是说：

$$\sqrt[n]{c_1c_2\cdot\cdots\cdot c_n}\leqslant\frac{1}{n}(c_1+c_2+\cdots+c_n),\qquad(6)$$

当且仅当 $c_1=c_2=\cdots=c_n$ 时，两端才会相等。这是一个重要不等式。把 c_1、c_2、…、c_n 换成 $\left(1+\frac{a_1}{w}\right)$、$\left(1+\frac{a_2}{w}\right)$、…、$\left(1+\frac{a_n}{w}\right)$，得到：

$$\left(1+\frac{a_1}{w}\right)\left(1+\frac{a_2}{w}\right)\cdot\cdots\cdot\left(1+\frac{a_n}{w}\right)\leqslant\left(1+\frac{A}{nw}\right)^n。\qquad(7)$$

这就告诉我们，每次用水量相等的时候，洗得最干净，而残存污物的量是

$$\frac{m_0}{\left(1+\frac{A}{nw}\right)^n}。\qquad(8)$$

这就肯定地回答了刚才的问题（1）。

是不是分成 $n+1$ 次要比 n 次洗得更干净呢？确实是的。还是可以用平均不等式来证明，对 $n+1$ 个正数 c_1，c_2，…，c_{n+1}用平均不等式。这里取

$$c_1=c_2=\cdots=c_n=1+\frac{A}{nw},\quad c_{n+1}=1, \tag{9}$$

把它们代入（6）便得

$$\left(1+\frac{A}{nw}\right)^n\times 1<\left[\frac{n\left(1+\frac{A}{nw}\right)+1}{n+1}\right]^{n+1}=\left[1+\frac{A}{(n+1)w}\right]^{n+1}。 \tag{10}$$

这表明，把水分成 $n+1$ 次洗，要比分成 n 次洗好一些。

那么，如果洗上很多很多次，是不是能用一定量的水把衣服洗得要多干净有多干净呢？

不会的，仍然可以用平均不等式证明。考虑 $n+k$ 个正数 c_1，c_2，…，c_n，c_{n+1}，…，c_{n+k}。这里 k 是一个比 $\frac{A}{w}$大的正数，再令 $b=1-\frac{A}{kw}$。取

$$c_1=c_2=\cdots=c_n=\left(1+\frac{A}{nw}\right),\quad c_{n+1}=\cdots=c_{n+k}=b,$$

于是，把它们代入平均不等式（6）以后得到：

$$\left(1+\frac{A}{nw}\right)^n\cdot b^k\leqslant\left[\frac{n\left(1+\frac{A}{nw}\right)+kb}{n+k}\right]^{n+k}=1, \tag{11}$$

也就是

$$\left(1+\frac{A}{nw}\right)^n \leqslant \frac{1}{b^k} = \left(\frac{k}{k-\frac{A}{w}}\right)^k。\tag{12}$$

因为当 k 是任一个大于$\frac{A}{w}$的整数时，不等式（12）都对，所以不妨取个 k 使（12）变得清楚一些。具体地，用 A^* 表示不小于$\frac{2A}{w}$的最小整数，取 $k=A^*$，则因 $k\geqslant\frac{2A}{w}$可知$\frac{k}{k-\frac{A}{w}}\leqslant 2$，于是由（12）便得

$$\left(1+\frac{A}{nw}\right)^n \leqslant 2^{A^*}。(A^* \text{是不小于}\frac{2A}{w}\text{的最小整数})\tag{13}$$

例如，当$\frac{A}{w}=1$时，$A^*=2$，(13)的右边是 4；当$\frac{A}{w}=3.5$时，$A^*=7$，(13)的右边是 128；当 $\frac{A}{w}=1.7$时，$A^*=4$，(13)的右边是 16。

总之，$\frac{A}{w}$越大，衣服洗得越干净，这是我们意料之中的事。但有个限度。由（13）可知，用 20 斤水洗，又设衣服拧干后仍有 1 斤水，则不论怎么洗，污物不会比原有的$\frac{1}{2^{40}}$更少！

从上面分析的过程看出，用数学方法研究实际问题，常常是这样做：

一、选择有实际意义的问题。

二、建立数学模型，把实际问题化成数学问题。

三、找寻适当的数学工具来解决问题——这里用的工具是“平均不等式”。

四、把数学上的答案拿到实际中去运用、检验。

其实，数学模型和实际情形常常有不一致之处。比如，我们假设在每次漂洗的时候，污物能均匀分布在水里，这就很难办到。另外，我们只考虑到节约用水，还没考虑到节约宝贵的时间。多洗几次固然省水，可又多用了时间，怎么办？算出来，n 越大越好，但洗的次数太多，衣服又会洗破。所以，实际上分三四次漂洗也就足够了。如果把时间耗费、衣服磨损再考虑进去，那就是一个新的更复杂的数学模型了。

叠砖问题

著名的意大利比萨斜塔，你一定知道吧！为什么它倾斜了那么漫长的岁月而至今不倒呢？物理学告诉我们，把一个平底的物体放在水平平面上，只要重心不落在它的底面之外，就不会倒。何况，比萨斜塔还有深埋于土中的塔基呢！

如果它太斜了，终究还是要倒的。

这就引出了一个问题：请你用一些砖叠一座小斜塔，你能使它斜到什么程度呢？

准确地说，你能使最上面一块砖的重心和最下面一块砖的重心的水平距离达到多远呢？

假定这几块砖是一模一样的，都是质量均匀的好砖。令每个标准的长方体的长为 1，高为 h，宽为 d，$0<h<d<1$。

摆的方法，像图 5－1 那样，把砖放平、放齐。

开始，你也许会这样摆：每块砖都比下面那一块多伸出长为 a 的一段，n 块砖可以伸出 $(n-1)a$ 那么长。这个 $(n-1)a$ 有多长呢？

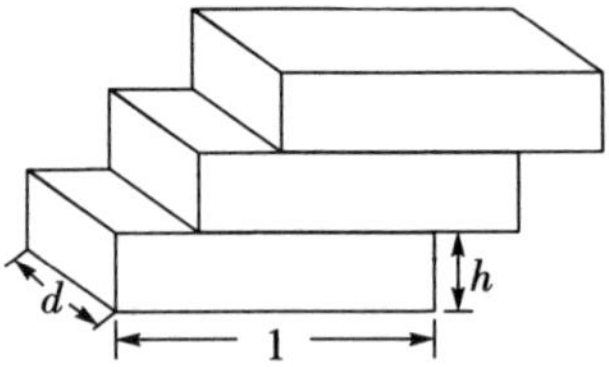

图 5 - 1

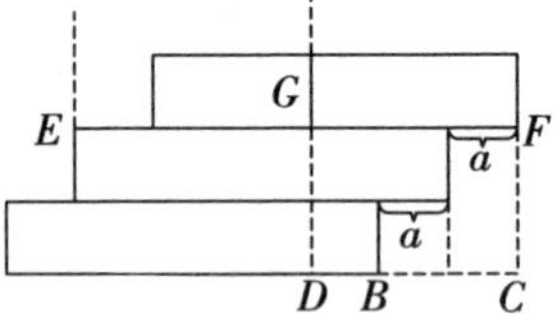

图 5 - 2

也许不出你所料，它不会太长，还不到一砖之长！图 5 - 2 画出了 $n=3$ 的情形。为了“斜塔”不倒，上面 $(n-1)$ 块砖的重心 G 不能落在最下面那块砖之外，因而必须有

$$DC \geqslant BC。$$

但

$$DC=\frac{1}{2}EF=\frac{1}{2}[1+(n-2)a],$$

$$BC=(n-1)a,$$

故

$$\frac{1}{2}[1+(n-2)a] \geqslant (n-1)a,$$

由此解出 $na \leqslant 1$，$(n-1)a \leqslant \frac{n-1}{n}$。也就是说，这样均匀伸出的摆法，最多只能让上层比底层多伸出 $\frac{n-1}{n}$ 砖长，即不到一砖之长。

为了清楚，图 5－3 画出了 $n=6$ 的情形。

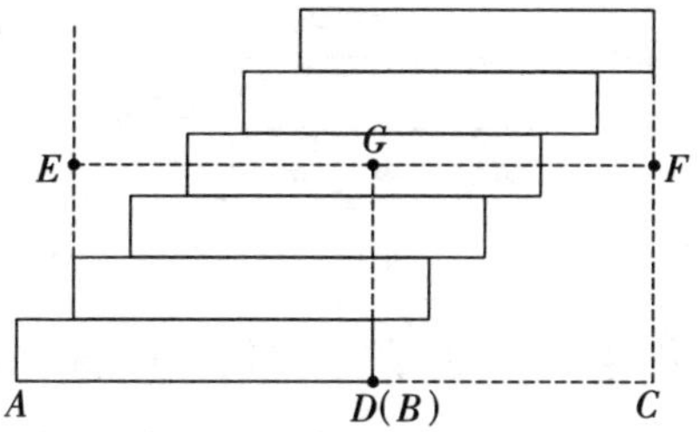

图 5－3

如果每块砖伸出的长短各不相同，是不是可以更伸长一些呢？

结论是出人意料的。只要砖够多，伸出多远都是可能的！

问题似乎复杂。但是，如果你吸取了一种新奇的建筑施工方法的思想，从塔顶往下，而不是由下而上地建塔，便容易看出答案了。

从最简单的情形开始，这是数学家思考问题的重要法则。

如果只有两块砖，那么非常简单，上面一块砖最多只能伸出一块砖长的$\frac{1}{2}$。

假设我们已经建好了两块砖的塔，上层比下层多伸出一块砖的$\frac{1}{2}$。上层叫第一块砖，下层叫第二块砖。它们的共同重心为 G_2。显然，G_2 离第一块砖外端的水平距离为$\frac{1}{2}\left(1+\frac{1}{2}\right)=\frac{3}{4}$（图 5－4）。

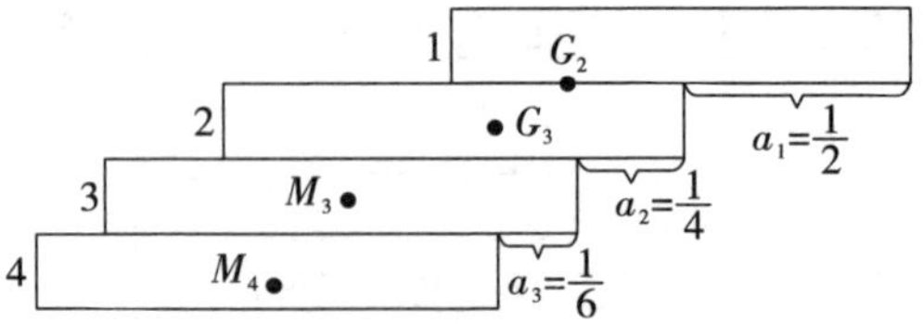

图 5－4

这样的塔虽然只有两层，但是上面不能再添加向外伸长的砖了。但下面却可以再添！这就是自上而下的新施工方法给我们带来的好处。为了使 G_2 落在第三块砖之上，图 5－4 告诉我们，第二块砖可以比第三块伸出 $\frac{1}{4}$ 砖长。

为了弄清第三块比第四块可以伸出多少，我们要分析一下前三块砖的重心 G_3 比 G_2 向左水平移动了多少。由于 G_2 与第三块砖重心 M_3 的水平距离恰为 $\frac{1}{2}$ 砖长，而 G_2 的质量是 M_3 质量的 2 倍，故 M_3 的影响将使 G_3 比 G_2 左移半砖长的 $\frac{1}{3}$，即 $\frac{1}{6}$ 砖长，这就是第三块砖比第四块砖伸出的长度。

当上面 $n-1$ 块砖摆好之后，这 $n-1$ 块砖的重心 G_{n-1}，恰好对准第 n 块砖的右端 B。于是第 n 块砖的重心 M_n 与 G_{n-1} 的水平距离恰为 $\frac{1}{2}$ 砖长。因为 G_{n-1} 与 M_n 分别代表的重量之比是（$n-1$）：1，所以它们合起来的重心 G_n 与 G_{n-1} 的水平距离是 $\frac{1}{2}$ 砖长的 $\frac{1}{n}$，即一块砖长的 $\frac{1}{2n}$。

这就是第 n 块砖比第 $n+1$ 块砖的伸出量（图 5－5）!

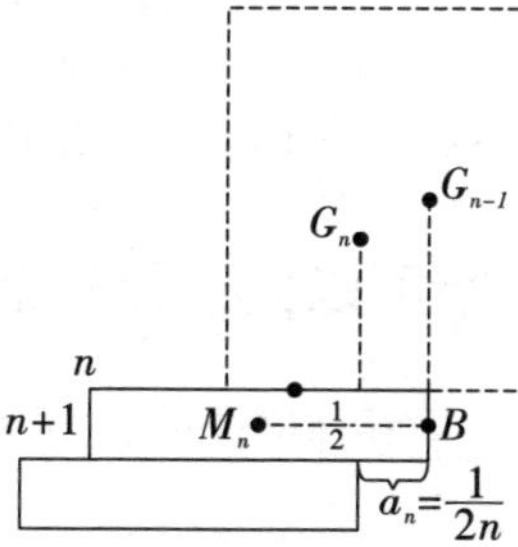

图 5－5

于是，用 $n+1$ 块砖建塔，总的最大伸出量为（也是顶砖和底砖的重心的水平距离）：

$$A_n=\frac{1}{2}+\frac{1}{4}+\frac{1}{6}+\cdots+\frac{1}{2n}=\frac{1}{2}\left(1+\frac{1}{2}+\frac{1}{3}+\cdots+\frac{1}{n}\right)。$$

现在问，当砖很多时，即 $n+1$ 很大时，伸出量 A_n 能有多大?

别看$\frac{1}{n}$越来越小，而且随 n 趋于无穷而趋于 0，但加起来之后，却是要多大有多大。简单的理由是

$$\frac{1}{3}+\frac{1}{4}>\frac{1}{4}+\frac{1}{4}=\frac{1}{2},$$

$$\frac{1}{5}+\frac{1}{6}+\frac{1}{7}+\frac{1}{8}>\frac{1}{8}+\frac{1}{8}+\frac{1}{8}+\frac{1}{8}=\frac{1}{2},$$

$$\frac{1}{9}+\frac{1}{10}+\frac{1}{11}+\cdots+\frac{1}{16}>8\times\frac{1}{16}=\frac{1}{2},$$

$$\frac{1}{2^{m-1}+1}+\frac{1}{2^{m-1}+2}+\cdots+\frac{1}{2^{m-1}+2^{m-1}}>2^{m-1}\times\frac{1}{2^m}=\frac{1}{2},$$

因此

$$1+\frac{1}{2}+\frac{1}{3}+\cdots+\frac{1}{2^m}>1+m\times\frac{1}{2}=\frac{m+2}{2}。$$

这表明，和数 $1+\frac{1}{2}+\cdots+\frac{1}{n}$ 可以很大很大。

如果有 65 块砖，便可以使顶层比底层伸出 2 砖之长还要多。砖数加一倍，上面便能伸出 $\frac{1}{4}$ 砖长多！

从这个问题的思考过程中，我们可以看出：

第一，想问题要从各个方面想。这里，不能只想到每块砖伸出量相等的情形，而且要想到不相等的情形；不能只想到从上面添砖，而且要想到从下面添砖。这样才能想出办法来。

第二，先分析最简单的情形。两块砖、三块砖的情形弄清楚了，更一般的规律也容易发现了。

第三，不要忽视简单的问题，谁能想到，叠砖问题能引出无穷级数

$$1+\frac{1}{2}+\frac{1}{3}+\cdots+\frac{1}{n}+\cdots$$

的讨论，把我们带到高等数学的领域呢？

假如地球是空壳

地球是球，足球也是球。但足球里面是空的，或者说，充满了空气。地球可是实心的，据科学家研究，里面是炽热的岩浆。

有位小说家，他想象地球像足球一样，也是个空壳，写出了《地心游记》。既然地球是空的，里面肯定是个大世界，当然可以一游啦！

设想你来到了空心地球的内部，这样立刻产生了一个问题。

你在地球表面上，感到自己有重量，向上一跳，就又落下来了。这是因为地球对你有吸引力。地球在你脚下，所以向“下”吸。

到了地球之内，可不一样了。地球是空壳，它在你的上下左右，四面八方。四面八方的球壳都在吸引你。引力的合力究竟是向上，还是向下呢？

有人认为向下，因为下面这块地壳在你身旁，离你近。万有引力定律说，引力大小与距离的平方成反比。所以，离得近，地壳对你的引力就大。

也会有人认为引力向上。因为上面那块球壳要大得多，引力与质量乘积成正比，大块地壳的引力要大些！

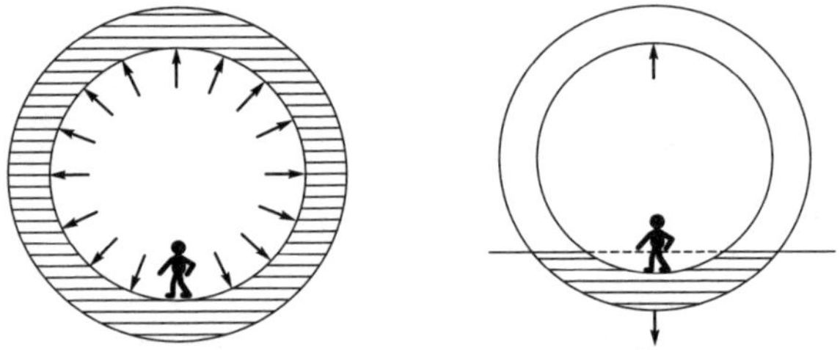

这样一争，就可以看出矛盾了。物体的大小与远近都影响引力的合力。光考虑一个方面不行，要综合起来研究。

这下子问题复杂了。要物理学家和数学家一起来商量。

物理学家提供了万有引力公式：

$$F=\frac{Gm_1m_2}{d^2}, \tag{1}$$

这里 F 代表两个物体之间的引力，G 是万有引力常数，m_1 和 m_2 分别是这两个物体的质量，而 d 是两个物体的质心之间的距离。

有了物理公式之后，剩下的是数学家的工作了。数学家解决这类问题有个办法，叫做“化整为零”。

地壳可能厚达数百千米。在数学家眼里，它是一层一层的同心球壳，每层极薄极薄，比如说只有 1 毫米，甚至 0.01 毫米厚。只要求出这一层极薄的球壳对人的身体的引力，就好办了。不管多少层，一层一层地加起来就是了。

这一个薄壳，是直径为上万千米的大球壳。我们把目光集中于一小块，比如一平方毫米那么大的一块。一小块的道理弄明白了，把许多块加起来就是了。

取一小块薄壳 A，设这块薄壳质量是 P_1。它的质心与人的质心 O 的距离是 d_1。设人的质量是 m，则这块薄壳对人的引力大小是

$$F_1=\frac{GmP_1}{{d_1}^2}。\tag{2}$$

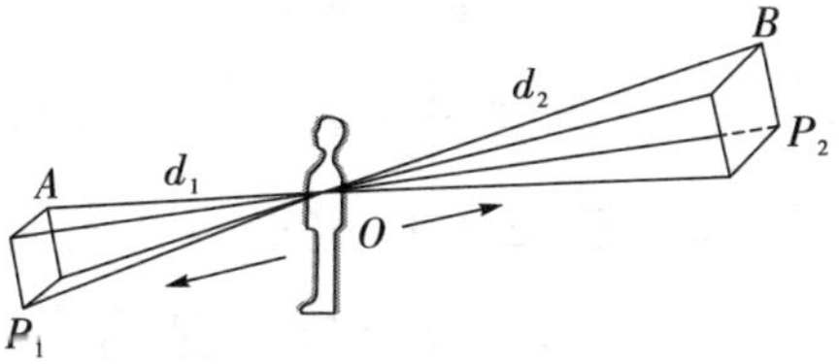

图 5-6

如图 5-6，在薄壳 A 上任取一点与 O 相连，连线延长后交于对面球壳上的一点。当点在 A 上走遍时，对面那个点也走遍了一小块薄壳 B。当 A 很小、B 也很小的时候，可以把这两块看成是相似形，相似比是$\frac{d_1}{d_2}$。这里 d_2 是 B 的质心到 O 的距离。设 B 这块薄壳质量是 P_2，

则 B 对人体的引力大小是

$$F_2=\frac{GmP_2}{d_2{}^2}。\tag{3}$$

当然，两块薄壳的质量 P_1 与 P_2 之比与两块面积成正比，面积比又等于相似比的平方，所以

$$\frac{P_1}{P_2}=\frac{d_1{}^2}{d_2{}^2},\tag{4}$$

于是

$$\frac{F_1}{F_2}=\frac{P_1}{d_1{}^2}\Big/\frac{P_2}{d_2{}^2}=1。\tag{5}$$

这表明两个力大小相等。但是，它们的方向又相反，合力自然为 0！

每一小块薄壳产生的引力都被对面那一小块的引力抵消了！地壳内部是没有重力的！

如果地球真是一个空壳，游人在里面不是走，而是在空中飘浮。因为没有重力！这是多么有趣啊！

上面所说的化整为零的分析计算的方法，是数学家惯用的办法。许多重要的工程技术问题和科学理论问题都可以用这个办法来解决。我们这里说得不太严格，用微积分的语言和符号，可以叙述得十分严格。

地球不是空壳，那又怎么检验计算的结果对不对呢?

我们无法挖空了地球做实验，但是可以用电学的实验来模拟。带正电荷的物体和带负电荷的物体之间也有引力。引力公式与万有引力公式类似：

$$F=\frac{Ke_1e_2}{d^2}, \tag{6}$$

这里 F 是静电吸引力，K 是一个常数，但是这个常数不叫万有引力常数而叫库仑常数。e_1 和 e_2 分别是两个小物体带的电荷量，d 还是两物体间的距离。

用一个铜球壳，让它带上一定量的电荷，电荷会均匀分布于外层。球内部有没有静电产生的电场呢？按刚才计算地壳内的重力场的方法，铜球内应该没有电场。实验表明，铜球内确实没有电场。模拟实验证明了我们的计算结果。

再问一个问题：既然地球是实心的，计算空地壳内的重力场有没有什么用呢？

用处还是有的。这个计算结果可以帮我们预测地下的重力。

离地球越远，重力越小，这是大家所知道的。那么，当我们沿着一条矿井走下去，一直走到地层深处的时候，重力是比地面更大，还是更小呢？

当到达 1 千米深的地下矿井的时候，就有 1 千米厚的地壳引力消失了。但是另一方面，你离地心更近了。设地球半径为 R。剥掉 1 千米地壳，半径只剩（$R-1$）千米了。设地球质量为 M，剥掉 1 千米厚，质量为 M_1。如果地球质量均匀，质量比等于体积比，也就等于半径的立方之比。设你的身体质量为 m，则地面上地球对你

的引力是

$$W=\frac{GmM}{R^2}, \tag{7}$$

向地下 1 千米处的引力是

$$W_1=\frac{GmM_1}{(R-1)^2}, \tag{8}$$

两式相比，再注意到$\frac{M_1}{M}=\frac{(R-1)^3}{R^3}$，故

$$\frac{W_1}{W}=\frac{M_1}{(R-1)^2}\bigg/\frac{M}{R^2}=\frac{R-1}{R}, \tag{9}$$

地球半径 $R\approx 6\ 378$（千米）。可见，在深为 1 千米的地下，人的身体所受的引力减少了大约 6 378 分之一。如果用精确的弹簧秤，这点失重还能检查出来呢！

地下高速列车

地球是球形的。从上海火车站到乌鲁木齐火车站连一条直线，这条直线当然只能在地面之下穿过。它是地球的一条弦（图 5 - 7）。

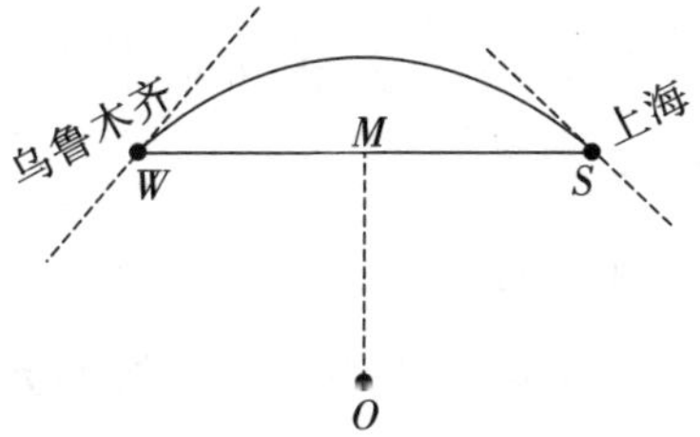

图 5 - 7

让我们展开想象的翅膀。沿着这条弦挖一条笔直笔直的地道，从上海直通乌鲁木齐。上海人站在上海这一端张望，他感到地道是深入地下去的。乌鲁木齐人站在乌鲁木齐这边张望，也觉得地道是深入地下去的。当然，地道不是垂直于地面，而是斜着下去的。

如果两人在两头都用远程望远镜向对方看去，便都觉得对方在自己的脚下。

在地道里铺设好钢轨，便有了一条上海—乌鲁木齐的“直”达快车线。

有趣的是，如果不考虑摩擦和空气阻力的话，这条直达快车线是不用消耗能量的！

列车在上海洞口，会自动向下滑，越滑越快，滑向乌鲁木齐。当列车滑到地道中点 M，离地中心最近的时候，也就是离地面最低的时候，它的速度达到了最大值。靠着这已经获得的高速，它继续向前冲，但是速度越来越慢了。如果工程设计使上海洞口和乌鲁木齐洞口处于同一水平面，列车到达乌鲁木齐的时候，动能消耗殆尽，慢慢地停了下来。这时，站台工作人员要赶快用个大钩子把列车拉住。要不然，还不等旅客下车，列车就会往回溜，又滑向上海去了。

列车往复滑动，好像一个大钟摆。

现在地面上的列车，从上海到乌鲁木齐要几天几夜。真的挖好了地道，乘坐地下直达列车，从上海到乌鲁木齐，要走多久呢？

看来这不是一个简单问题。如果算不出准确时间，大致地估一估也好。这一趟旅行，要一天，还是两天？

用 S 表示上海，W 表示乌鲁木齐，O 表示地球的中心。线段 WS 的中点记作 M。列车通过 SM 这段和 MW 这一段用的时间是一样的，只要估计出列车通过 SM 这一段的时间就行了（图 5－8）。

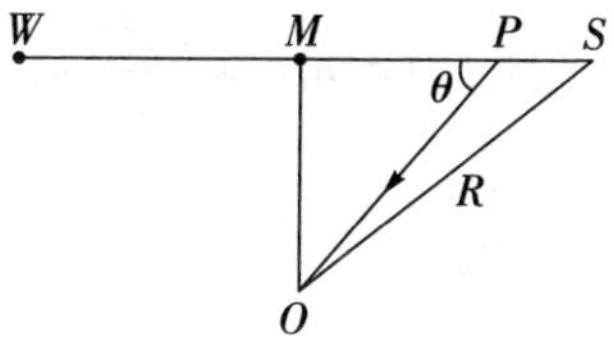

图 5－8

列车在 SM 上任一点 P，它的加速度是多少呢？这是个关键问题，知道了加速度，才能算出速度，找出运动的规律。

根据牛顿第二定律

$$F=ma\text{（作用力＝质量×加速度）}$$

可以看出，只要知道了列车受的力，也就知道了加速度。

列车受的力，当然是地心引力。但是，在任一点 P，地心引力方向是 PO，而列车前进方向是 PM。所以，使列车前进的力实际上是地心引力的分力。按力学原理，这个分力的大小应当是地心引力乘上一个因子 $\cos\theta$，这里 θ 是 PO 与 PM 的夹角。

地心引力是多大呢？如果在地球表面，它应当是 mg，m 是列车的质量，g 是重力加速度，$g=9.8$ 米/秒^2。现在列车进入地下，引力要小一些。小多少呢？上一节已经算过，要去掉一层球壳产生的引力，这相当于只考虑以 O 为心、OP 为半径这个小地球的引力。它与地球表面引力之比是 $\dfrac{OP}{R}$。于是列车在 P 点所受的由地心引力而产生的在前进方向的分力就是：

$$F=mg\times\frac{OP}{R}\times\cos\theta=mg\times\frac{OP}{R}\times\frac{MP}{OP}=\frac{mgMP}{R}，\quad(1)$$

这里用到了 $\cos\theta=\frac{MP}{OP}$。

再利用牛顿第二定律 $F=ma$，可以算出在 P 点的加速度

$$a_p=\frac{F}{m}=\frac{gMP}{R}。\quad(2)$$

加速度算出来了。在（2）式右端，g 和 R 是常数，MP 可是在变。P 越接近 M，MP 越小，到 P 和 M 重合的时候，加速度就是 0 了。

这是一个变加速运动，加速度越来越小。但是，它毕竟是在加速，所以速度越来越大。当然，这里只考虑列车在 SM 这一段上的运动过程。

我们只知道匀加速运动的方程、匀速运动的方程，没学过变加速运动的方程，这该怎么办呢？

数学家有个常用的办法，就是把未知的东西和已知的东西比，一比，就可以估计出未知物大致的情形。既然我们知道匀加速运动的方程，就不妨把这个变加速运动和匀加速运动比比看。

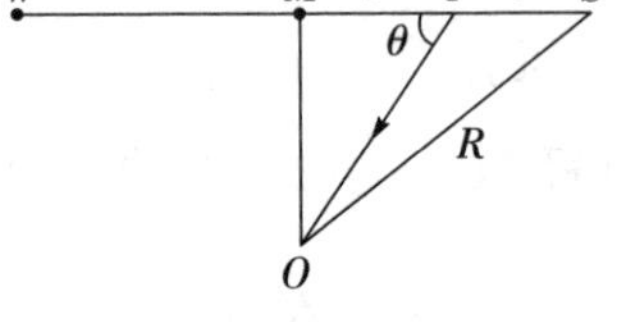

图 5－9

我们把 SM 的中点叫做 P^*，如图 5 - 9。列车在 SP^* 这一段上运动的时候，它的加速度（按（2）式计算）是越来越小的。到了 P^* 这一点，加速度是：

$$a_{p*}=\frac{gMP^*}{R}。\tag{3}$$

这表明，在 SP^* 上运动的时候，列车的加速度不小于 a_{p*}。

假想有另一列列车在 SP^* 上行驶，它是匀加速运动，加速度为 a_{p*}。那么假想列车与我们这里的变加速列车相比，哪个快呢？当然假想的匀加速列车要慢，因为它的加速度 a_{p*} 不大于变加速列车的加速度。我们退一步，算一算这个跑得较慢的匀加速假想列车走完路程 SP^* 要多长时间。匀加速运动的方程是

$$路程=\frac{1}{2}\times加速度\times(时间)^2，\tag{4}$$

路程是 SP^*，加速度 $a_{p*}=\frac{gMP^*}{R}$，把它们代入（4），把时间 T 反解出来

$$T=\sqrt{2\times SP^*\Big/\frac{gMP^*}{R}}。\tag{5}$$

因为 P^* 是 SM 的中点，所以 $SP^*=MP^*$，恰好约掉！于是

$$T=\sqrt{\frac{2R}{g}}。\tag{6}$$

地球半径取 $R=6\ 378.164$(千米)$=6\ 378\ 164$(米)，重力

加速度 $g=9.8$(米/秒^2)，代入（6）式，用计算器或用对数表求出

$$T=1\ 141(\text{秒})。 \quad (7)$$

可见，匀加速假想列车跑完 SP^* 这一段的时间不到 1 141 秒。因为越跑越快，跑 P^*M 这一段用的时间更少，故跑完 SM 段用的时间不超过 2 282 秒。跑完 SW 全程，再加一倍，也不超过 4 564 秒，还不到 80 分钟呢。可算是超高速的列车了。

值得注意的是，我们的整个计算过程，没用到上海到乌鲁木齐这段距离。所以，你在开始的问题中把“上海—乌鲁木齐" 改为“北京—纽约”“莫斯科—墨西哥”都可以。无论从地球上哪里到哪里，都用不了 80 分钟。

将来你学了点微积分，就可以精确地算出，这种假想的地下快车运行时间是一个常数，不论从哪里到哪里，不论远近，只要在地球上，时间都是差不多 42 分钟！

见微知著

珍珠与种子

数学家要研究数学问题。

数学问题成千上万，无穷无尽；但数学家生命有限，以有限的生命面对无穷的问题，必须选择，也只有选择。那么，选择什么样的问题来研究呢？很显然，应当选择好的问题、有价值的问题来做。

什么样的问题才是好问题呢？

有人说，有趣的问题是好问题；有人说，有用的问题是好问题；也有人说，有趣或有用的问题都是好问题；还有人说，有趣又有用的才是好问题。

有趣或无趣，因人而异。棋迷感到无穷趣味的棋局，门外汉兴味索然；令人望而生畏的一堆符号公式，有些科学家推演起来却乐此不疲。

有用或无用，因时而异。负数的平方根称作虚数，虚数和实数运算产生复数，而这个复数当初都以为没用。

后来发现，复数在流体力学中有大用处，和飞机轮船有密切的关系。不仅如此，没有复数，也就没有电学，就没有量子力学，就没有近代文明！

好的数学问题可能产生好的数学。什么是好的数学呢？对此，数学大师陈省身有独到的见解。他说：

> 建立南开数学所，就是希望为全国在数学方面愿意而且能够工作的人创造一个可以愉快地潜心工作的环境，让青年人知道有“好的数学”和“不好的数学”之分。这里所说的“好”，简而言之，就是意义深远、可以不断深入、影响许多学科的课题；“不好”则是仅限于把他人的工作推演一番、缺乏生命力的题目。我的愿望是让青年人尽早地懂得欣赏“好的数学”。①

在另外的场合，陈先生还说过一些具体的例子。他说，有些看起来很美的题目，不一定是好的数学。例如，在任意三角形的3边上各作一个正三角形，这3个正三角形的中心也必然构成一个正三角形，这叫做拿破仑定理，是法国著名的政治家和军事家拿破仑发现的（如图6－1）。这个定理很美，但深入研究之后发展有限。又如幻方，各行各列及各对角线上的数加起来均相等，令人

① 陈省身．九十初度说数学［M］．上海：上海科技教育出版社，2001：33.

惊奇（如图 6－2）；可惜这只是一个奇迹，没有很多的用处。

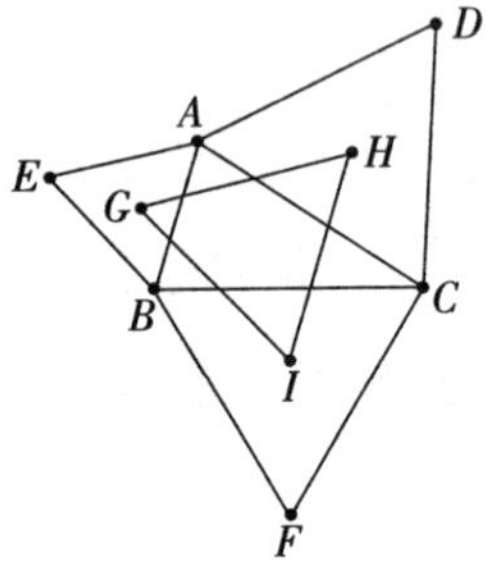

图 6－1

6	1	8
7	5	3
2	9	4

12	13	1	8
6	3	15	10
7	2	14	11
9	16	4	5

图 6－2

大大小小的圆，其周长和直径的比值总是一个常数 π。这也是一个奇迹。可是这件事情太重要了，在数学里到处遇到 π！

陈省身还说，方程也是好的数学。小学里的代数方程，中学里的不定方程、超越方程、函数方程，乃至大学里的微分方程，各门科学技术都离不开方程，真是意义深远、影响广大，永远研究不完！

像拿破仑定理，像幻方，这样的问题好比珍珠。光彩夺目，赏玩起来爱不释手。但一粒珍珠再漂亮也是一粒珍珠，它缺活力，难于生长。

像方程，像圆周率，这样的问题好比种子。种子不一定闪闪发光，不见得赏心悦目，可它是生命，有活力。它可能长成参天大树，可能吐出万紫千红。

在数学家眼里，种子比珍珠更可爱。

话说回来，数学大师的话，虽然极有启发性，却也不是定理或法律。喜爱研究幻方或拿破仑定理的依然可以孜孜不倦。有人重视种子，有人收藏珍珠，世界是多样化的。何况，两者也不能截然分开，从幻方和拿破仑定理，也不是不能走向方程的。

抛物线的切线

种子变成大树甚至森林的故事，数学史上并不少见。

从曲线的切线作图问题出发，引出了微积分这门大学科，堪称是数学史上也是人类文明史上辉煌的一章。

圆的切线，就是和圆只有一个公共点的直线。

作圆的切线是容易的，因为我们知道，圆的切线和过切点的半径垂直。

发明直角坐标系，创建了解析几何的笛卡儿，研究过抛物线的切线作图问题。他认为，切线的作图问题是他所知道的甚至是他一直想知道的最有用、最一般的几何问题。

现在回头看，不能不佩服笛卡儿眼光之敏锐。

如果把抛物线的切线，看成是和抛物线只有一个公共点的直线，只要你学过二次方程，又懂得一些解析几何，不难做出来。

数学家往往能从最简单的情形，看出更一般的规律。

最简单的情形，抛物线的方程是 $y=x^2$，在抛物线上取一个点$P(u, u^2)$，过点 P 作抛物线的切线，如何写出切线的方程?

如果知道了切线的斜率 k，切线方程应当有这样的形式：

$$y-u^2=k(x-u)。$$

把这个带有未知斜率 k 的方程和抛物线的方程 $y=x^2$ 联立，可以得到 x 的方程

$$k(x-u)+u^2=x^2,$$

化简后为

$$x^2-kx+(ku-u^2)=0。$$

解这个二次方程，可得抛物线和切线的公共点的横坐标。但是因为公共点只有一个，所以这个方程有重根，判别式应当为 0，也就是

$$k^2-4ku+4u^2=0,$$

解得 $k=2u$。

取 u 的一些具体数值，例如 $u=1$，画出来看看，这样得到的果然像是这条抛物线的切线（图 6-3）。

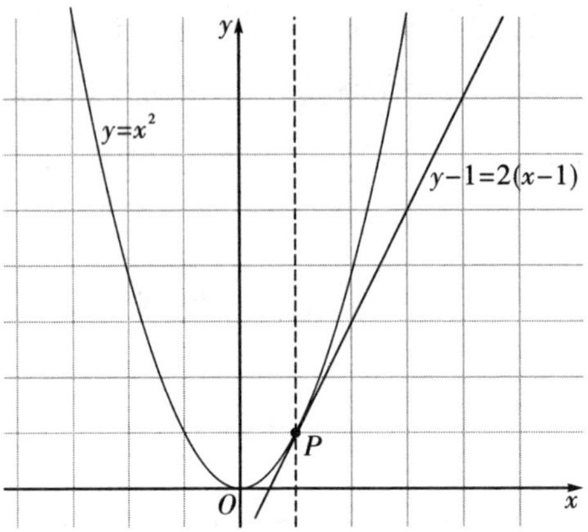

图 6－3

但是，图中的一条虚线表明，过点 P 而平行于 y 轴的直线，它和抛物线也只有一个公共点。这条和抛物线只有一个公共点的直线，是看出来的，不是推出来的！

这就发现，上面的推理有个漏洞！我们假定了和抛物线只有一个公共点的直线有斜率 k；可是，偏偏是这条平行于 y 轴的直线，它没有斜率，而和抛物线只有一个公共点！

直观上，我们很难承认这条平行于 y 轴的直线是抛物线的切线！

这就发现，上面的切线概念可能也有漏洞。把抛物线的切线看成是和抛物线只有一个公共点的直线未必妥当。

如果不说清楚什么是抛物线的切线，当然不好解决抛物线的切线的作图问题。如何定义抛物线的切线？更一般地，如何定义更多的曲线的切线，是我们研究切线作图方法时面临的基本难题。

遇到难题，不但要敢于“知难而进”，也要善于“知难而退”。退是为了巩固阵地，更稳妥地前进。

退回来再想想圆的切线，它除了和圆只有一个公共点之外，还有什么可说的?

数学家看一件东西，常常把它放在变动的过程之中观察，注意到它的前身后世和左邻右舍。圆的切线动一动，一不小心会变成割线，它和圆的一个公共点就一分为二，变成两个交点！反过来，割线和圆的两个交点，如果慢慢接近，直到合二为一，割线也就变成了切线！

用这个眼光看，就看出一个定义抛物线的切线的新的思路：过抛物线上一点 P 和另一点 Q 作割线，再让 Q 向 P 靠拢，当 Q 和 P 重合的时候，割线就成为切线。

别以为这个思路简单。笛卡儿当年在研究抛物线的切线作图方法时，就没有想到这点。又过了几十年，数学家想到了这一点，微分法就呼之欲出了！

我们来重复一下 300 多年前的数学家的工作，沿着割线变切线的思路找出抛物线的切线来。

像前面所说，在抛物线 $y=x^2$ 上取一定点 $P=(u, u^2)$，再取一个动点 $Q=(u+h, (u+h)^2)$；则割线 PQ 的斜率为

$$\frac{(u+h)^2-u^2}{(u+h)-u}=\frac{2uh+h^2}{h}=2u+h。$$

我们想象，当动点 Q 向定点 P 靠拢时，h 的绝对值越来越小，割线的斜率 $2u+h$ 越来越接近切线的斜率。当 P 和 Q 重合时，也就是 h 变为 0 时，就得到了切线的斜率 $2u$。这和前面用二次方程的判别式得到的结果不谋而合，殊途同归。

这个方法不但比前面的方法简单，而且是个更一般的方法；不但可以用来求抛物线的切线的斜率，而且也能用来计算许多其他的曲线的切线的斜率。

设曲线对应的函数表达式是 $y=F(x)$。要计算曲线上一点$P=(u, F(u))$ 处的切线的斜率，需要再取一个动点 $Q=(u+h, F(u+h))$；则割线 PQ 的斜率为

$$\frac{F(u+h)-F(u)}{h}。$$

在这个表达式中设法把分母上的 h 约掉，再让 h 的绝对值变为 0，也就是让 P 和 Q 重合，所得到的表达式的值就是点 P 处的切线的斜率。这个斜率，在数学上叫做函数 $F(x)$在 $x=u$ 处的导数，也叫微商。这是微积分学的最重要的基本概念。

这样一来，也解决了有很多实际应用的求函数的最大值和最小值的问题。这是因为，函数曲线在高峰点或低谷点的切线总是水平的（图 6 - 4)，其斜率为 0；能写

出切线斜率的表达式，也就能列出高峰点或低谷点的横坐标满足的方程了。

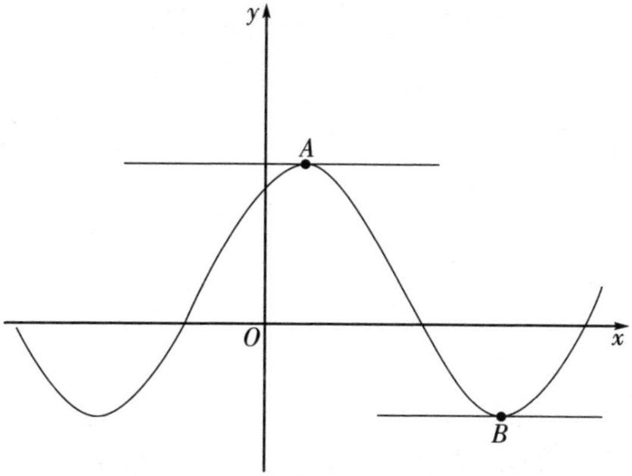

图 6－4

德国哲学家和数学家莱布尼茨，他用这种新思想深入地研究了曲线的切线和函数的最大最小值有关的问题。

无穷小是量的鬼魂？

用这样简捷的方法，一举解决了成千上万各种各样的曲线切线的作图问题。

不但如此，也解决了有很多实际应用的求函数的最大值和最小值的问题。

这样非同小可的发现，使当时的数学家兴高采烈。

但是，人们很快就发现，这种新方法的基础是不严谨的，在逻辑上有一个漏洞。

回过头去看看前面计算抛物线斜率时的推导：先列出等式

$$\frac{(u+h)^2-u^2}{(u+h)-u}=\frac{2uh+h^2}{h}=2u+h,$$

再让 h 变为 0，就得到了切线的斜率 $2u$。

在这推导过程中，先要假定 h 不等于 0，否则就无法把它作为分母，更无法把它约掉而得到 $2u+h$；一旦得到了表达式 $2u+h$，马上“过河拆桥”，出尔反尔地让

$h=0$ 来得到斜率 $2u$。既然表达式$2u+h$ 是在h 不为 0 的条件下得到的，凭什么又让 h 等于 0?

微积分的创始人之一的牛顿，当然不会看不到这个漏洞。他弥补漏洞的方法是：不让 h 一下子变成 0，而是让 h 变成一种“无穷小量”。什么是无穷小量呢? 按牛顿的说法，它是一个数在变成 0 之前的最后形态，它不是 0，但它的绝对值比任何正数都小。因为 h 不是 0，所以可以做分母，可以约掉；又因为 h 的绝对值比任何正数都小，它在表达式 $u+h$ 中可以忽略不计，$u+h$ 就可以当成u 了。

但是，这种神秘的“无穷小量”并没有把当年的数学家们从尴尬的处境解救出来。人们问，“无穷小量”是什么? 它如果是数，数在变成 0 之前还是数，哪有什么“绝对值比任何正数都小”的最后形态? 如果不是数，有何理由能够像数一样地运算? 当时一位著名的大主教贝克莱写了一篇长文，对这种新的方法冷嘲热讽，说“无穷小量”的比值是“量的鬼魂”，并且质问数学家“既然相信这些量的鬼魂，有什么理由不相信上帝呢?”

但是，数学家的眼光，能看出淤泥中的种子的生命力，能透过浓雾看出光明的前方。他们没有因为逻辑上的困难和人们的非议而抛弃新的方法，而是积极地挖掘新方法带来的宝藏，在不稳固的地基上设计并着手建设辉煌的大厦。

人们称此为第二次数学危机。

数学家从来不为数学危机担忧。数学在现实世界中表现出来的力量总能使数学家充满信心。他们看得见问题，看得见困难，但不会止步。路上暂时搬不动的大石头就留给后来者，绕个弯继续前进。

极限概念：严谨但是难懂

数学家们前赴后继，一代接着一代地思考。

在大约 150 年后，终于补上了微积分基本概念上的漏洞。

为了名正言顺地从表达式

$$\frac{(u+h)^2-u^2}{(u+h)-u}=\frac{2uh+h^2}{h}=2u+h$$

里面把碍眼的 h 去掉而得到 $2u$，数学家想出来一个“极限”的说法：既然不好把 h 一下子变成 0，就让 h 无限地接近 0 吧。当 h 无限地接近 0 时，$2u+h$ 就会无限地接近 $2u$。

于是，就把 $2u$ 叫做“$2u+h$ 在 h 趋向于 0 的过程中的极限”。

一般地，就说：在 h 趋向于 0 的过程中，表达式

$$\frac{F(u+h)-F(u)}{h}$$

的极限，就叫做函数 $F(x)$ 在 $x=u$ 处的导数。

极限概念的创立，打了一个成功的擦边球。用无限接近于 0 代替等于 0，既合理合法，又达到了同样的目的！

极限的思想，牛顿和莱布尼茨其实早就有了，但概念上总是说不清楚。例如，什么叫做“无限接近”？什么叫做“h 趋向于 0 的过程”？这些都是生活中的语言，即所谓自然语言。使用自然语言难以进行严谨的数学推理，必须把自然语言翻译成严谨的数学语言。

经过 19 世纪几位出色的数学家的创造性工作，严谨的极限概念的表述诞生了。下面的极限定义，是基于法国数学家柯西提出的思想，由德国数学家魏尔斯特拉斯制定的：

函数极限的定义　设函数 $F(x)$ 在 $x=u$ 附近有定义。如果存在一个数 a，使得对于任给的正数 $\varepsilon>0$，总有 $\delta>0$，使当 $0<|x-u|<\delta$ 时，总有

$$|F(x)-a|<\varepsilon,$$

就说：当 x 趋于 u 时 $F(x)$ 以 a 为极限。

数列极限的定义　设 a_1，a_2，…，a_n，…是无穷数列。如果存在一个数 a，使得对于任给的正数 $\varepsilon>0$，总有 $N>0$，使当 $n\geqslant N$ 时，总有

$$|a_n-a|<\varepsilon,$$

就说数列 a_n 以 a 为极限。

如果读者不理解这样拗口的定义，大可以对它不予追究。因为这丝毫不影响对本书后面内容的阅读。只要知道，有一位出色的数学家，用这样拗口的定义，补上了当初导数概念的漏洞就够了。

上面的定义，用了希腊文的小写字母 ε，所以通常称为极限概念的 ε 语言。

以极限概念的 ε 语言为工具，严谨的微积分学建立起来了。从柯西时代到今天，150 年来，大学数学系里讲授微积分，用的都是柯西—魏尔斯特拉斯的极限概念的 ε 语言。

但是，对于初学者，ε 语言太难理解了。

美国一套著名的《微积分》教材中告诉学生，如果弄不懂这样的定义，“就像背一首诗那样把它背下来！这样做，至少比把它说错来得强”[①]。

匈牙利数学家和数学教育家波利亚，在谈到工科学生的微积分教学时说：“他们没有受过弄懂 ε -证明的训练……教给他们的微积分规则就像是从天上掉下来的，硬塞给他们的教条……”[②]

这就是说，不学极限概念的 ε 语言，就弄不懂微积

---

① M. 斯皮瓦克. 微积分(上册)［M］. 严敦正，张毓贤，译. 北京：人民教育出版社，1980：102.

② G. 波利亚. 数学与猜想(第 2 卷)［M］. 李心灿，译，台北：台湾九章出版社，1984：480.

分；学习极限概念的 ε 语言，确实又太难了。

恩格斯说，在一切理论成就中，未必有什么像 17 世纪下半叶微积分的发明那样，被看做是人类精神的最高胜利了。

难道说，对于即使有机会学习高等数学的人中的大多数，注定不能理解这个标志着“人类精神的最高胜利”的成果?

不用极限概念能定义导数吗？

150 多年来，人们普遍认为，不用极限概念就不能定义函数的导数，也就不能严谨地讲述微积分。

但是，普遍承认的事并不一定就是对的。

在数学家眼里，没有证明的命题总是可以怀疑的。

笛卡儿主张：怀疑一切。

这里，不是消极的怀疑，而是积极地思考分析；去粗存精，由表及里，对不对都要有个说法，有个根据。

用极限概念，可以严谨地定义函数的导数。这并不能推出：不用极限概念，就不能严谨地定义函数的导数。

我们来试试看，能不能改变 150 年来形成的观念。

笛卡儿主张，排疑解难，要思考最简单的、基本的问题。

极限是什么？不就是“一个变化的量无限接近一个固定的量”吗？描述这样的过程，一定要用柯西—魏尔斯特拉斯提出的那么拗口的 ε 语言定义吗？

例如，要描述“$F(u+h)$当 h 趋于 0 时无限接近于 a”，有没有比 ε 语言定义更简洁明快的办法？

说 $F(u+h)$接近于 a，无非是说$|F(u+h)-a|$很小罢了。

很小，小到什么程度？$|F(u+h)-a|<0.000\,01$ 行不行？

不行，这里要的是无限接近，可能小到 0.000 001，0.000 000 1，0.000 000 01，…。总不能在右端写上无穷多个数吧？

用字母代替数，一个字母不是可以代替无穷多个数吗？

但是，这个字母要代表的是能够无限接近于 0 的正数。怎样能保证一个字母所代替的数能够无限接近于 0 呢？

解铃还须系铃人！解决问题的思路，常常隐含在问题本身之中。问题说的是“$F(u+h)$当 h 趋于 0 时无限接近于 a”，这里不是有一个现成的趋于 0 的 h 吗？趋于 0，也就能够无限接近于 0 了。就地取材，就用不等式$|F(u+h)-a|<|h|$来描述“$F(u+h)$当 h 趋于 0 时无限接近于 a”，好不好？

如果不等式$|F(u+h)-a|<|h|$成立，当然能够保证在 h 趋于 0 时 $F(u+h)$无限接近于 a。但是，右端何必

一定是 $|h|$ 呢？$3|h|$，$5|h|$，$100|h|$，不是都可以吗？只要 h 能无限接近于 0，h 的任意的固定倍数也能无限接近于 0；因此，只要有一个正数 M，使不等式

$$|F(u+h)-a|<M|h|$$

成立，就能够保证 $F(u+h)$ 当 h 趋于 0 时无限接近于 a。

可是，反过来却不一定成立。$F(u+h)$ 当 h 趋于 0 时无限接近于 a，不一定非要 $|F(u+h)-a|<M|h|$ 成立不可。例如，不等式

$$|F(u+h)-a|<M\sqrt{|h|}$$

也能够保证 $F(u+h)$ 当 h 趋于 0 时无限接近于 a！

也就是说，不等式 $|F(u+h)-a|<M|h|$ 是 $F(u+h)$ 当 h 趋于 0 时无限接近于 a 的充分条件，而不是必要条件。

到现在，简化极限概念的任务，只完成了一半。

宋朝宰相赵普说，半部《论语》可以治天下。

简化极限概念这个任务的另外一半，暂时等一下。我们来看看，这半步的进展，能给微积分带来什么变化。

回到函数的导数概念问题。前面说过，在 h 趋向于 0 的过程中，表达式

$$\frac{F(u+h)-F(u)}{h}$$

的极限，就叫做函数 $F(x)$ 在 $x=u$ 处的导数。用 $f(u)$ 表示 $F(x)$ 在 $x=u$ 处的导数，则在 h 趋向于 0 的过程中，

$\frac{F(u+h)-F(u)}{h}$和 $f(u)$无限接近。依照上面的"半步"成果，只要有正数 M 使不等式

$$\left|\frac{F(u+h)-F(u)}{h}-f(u)\right|<M|h|$$

成立，就能保证$\frac{F(u+h)-F(u)}{h}$和 $f(u)$无限接近了。

上面的不等式里有分母 h，要限制 h 不为 0。如果去分母改变形式，得到不含分式的不等式，则可用它来建立函数导数的另类定义：

强可导函数及其导数的定义　设函数 $F(x)$在 $[a,\ b]$ 上有定义。如果有一个在 $[a,\ b]$ 上有定义的函数 $f(x)$ 和正数 M，使得对 $[a,\ b]$ 上任意的 x 和 $x+h$，有下列不等式：

$$|(F(x+h)-F(x))-f(x)h|\leqslant Mh^2, \qquad (1)$$

则称 $F(x)$在 $[a,\ b]$ 上强可导，并且称 $f(x)$是 $F(x)$的导数，记作

$$F'(x)=f(x)。$$

显然，(1) 可以写成等价的等式

$$F(x+h)-F(x)=f(x)h+M(x,h)h^2, \qquad (2)$$

这里 $M(x,h)$是一个在区域$\{(x,h):x\in[a,\ b],\ x+h\in[a,b]\}$上有界的函数。

这个定义和 150 年来教科书上的 ε 语言定义有两点不同：一个不同是用不等式而不是用极限概念来表达导数应

当满足的条件；另一个不同，是在区间 $[a, b]$ 上而不是在一个点定义导数。因此，用强可导这个词，以示区别。

按照这样的定义，既不需要牛顿的神秘的无穷小量，也不需要柯西—魏尔斯特拉斯的拗口的 ε 语言极限概念，在初等数学的范围内开辟出一块微积分的领地。

原来认为很难理解的导数概念，用一个不等式就搞定了。既简单，又严谨。

不等式与方程是相通的。定义中的（1）换成等价的等式（2），不等式就成了方程。函数的导数，就是满足一个方程的未知函数。

笛卡儿主张：一切问题化为数学问题，一切数学问题化为方程。

陈省身说，方程是好的数学。

方程帮我们解决了导数定义的难题。

前辈数学大师的眼光，敏锐而深邃。

导数新定义初试锋芒

上一节里提出的导数新定义里的不等式，有一个直观简洁的解释。

在不等式（1）的左端，是两个部分的差的绝对值：一个部分是$(F(u+h)-F(u))$，通常称为$F(x)$在$x=u$处的差分；另一部分是$f(u)h$，通常称为$F(x)$在$x=u$处的微分；h叫做步长。这样一来，不等式（1）的意思，就是“差分与微分之差，与步长平方之比有界”。

定义有了，并非万事大吉。定义是演绎推理展开系统的基本点。定义本身简洁明快固然好，能够使系统轻松利落地展开则更为重要。下面会看到，新的导数定义，把微积分里一系列重要的基本命题的推导，都变得简单了，容易了。

首先要消除一个疑虑：用不等式来定义$F(x)$的导数，这导数是不是唯一的呢？不等式似乎比较宽松，满足一个不等式的数或式子往往不止一个。如果满足不等式（1）的 $f(x)$ 不止一个，其中哪个才是函数 $F(x)$ 的真正的导数呢？

因此，首先要证明：满足强可导定义的 $F(x)$ 的导数 $f(x)$，如果有，一定是唯一的。

强可导定义下导数的唯一性的证明 用反证法，设 $f(x)$ 和 $g(x)$ 都满足定义中的条件，由（2）式得：

$$F(x+h)-F(x)=f(x)h+M(x,h)h^2,$$

$$F(x+h)-F(x)=g(x)h+M_1(x,h)h^2。$$

两式相减得：

$$0=(f(x)-g(x))h+(M(x,h)-M_1(x,h))h^2。$$

若有 u 使 $f(u)-g(u)=d\neq 0$，由于 $M(x,h)$ 和 $M_1(x,h)$ 有界，可知有正数 M 使得

$$|dh|=|(f(u)-g(u))h|\leqslant Mh^2,$$

即 $|d|\leqslant M|h|$，当 $|h|<\left|\dfrac{d}{M}\right|$ 时推出矛盾。证毕。

学过高等数学的读者会感到，这里的证明比通常的极限唯一性的证明要简单。当然，这点好处不在话下，下面会看到更大的好处。

有了唯一性，求函数的导数就方便多了。利用代入不等式（1）或方程（2）直接验证的方法，马上就知道：

常数的导数为 0：$C'=0$；

一次函数的导数为常数：$(ax+b)'=a$；

两函数之和的导数等于两导数之和：

$$(F(x)+G(x))'=F'(x)+G'(x);$$

函数常数倍的导数等于导数的常数倍：

$$(cF(x))'=cF'(x)。$$

下面用几个简单的例子，说明用定义直接验证求导数的方法：

例 1 知道了 $F(x)$ 在 $[a, b]$ 上的导数是 $f(x)$，求 $F(cx+d)(a\leqslant cx+d\leqslant b)$ 的导数。

解 设 $F(cx+d)=G(x)$，则

$$\begin{aligned} G(x+h)-G(x) &= F(c(x+h)+d)-F(cx+d) \\ &= f(cx+d)(ch)+M(cx+d,ch)(ch)^2 \\ &= (cf(cx+d))h+M_1(x,h)h^2。\end{aligned}$$

由 $M(x, h)$ 的有界性可以推出 $M_1(x, h)=c^2M(cx+d, ch)$ 有界，这推出 $(F(cx+d))'=cf(cx+d)$。

例 2 求 $F(x)=x^3$ 在 $[a, b]$ 上的导数。

解
$$\begin{aligned} F(x+h)-F(x) &= (x+h)^3-x^3 \\ &= 3x^2h+(3x+h)h^2, \end{aligned}$$

由 $(3x+h)$ 的有界性可以推出 $(x^3)'=3x^2$。

类似地可以求出

$$(x^n)'=nx^{n-1}。$$

例 3 求 $F(x)=\frac{1}{x}$ 在 $[a, b]$ $(0<a<b)$ 上的导数。

解
$$\begin{aligned} F(x+h)-F(x) &= \frac{1}{x+h}-\frac{1}{x}=-\frac{h}{x(x+h)} \\ &= -\frac{h}{x^2}+\left(\frac{h}{x^2}-\frac{h}{x(x+h)}\right) \end{aligned}$$

$$=-\frac{h}{x^2}+\frac{h^2}{x^2(x+h)},$$

由$\frac{1}{x^2(x+h)}$在 $[a, b]$ 上有界，推出

$$\left(\frac{1}{x}\right)'=-\frac{1}{x^2}。$$

从例 2 看出，所有多项式函数都是强可导的。求导公式的获取也很简单：把 $F(x+h)$展开，关于 h 的 1 次项的系数，就是 $F(x)$的导数。

说起来有趣，在牛顿之前，有些数学家在研究导数时，对多项式函数求导用的就是这种方法。但是他们对于更多的其他函数，找不到求导数的方法。因而这种直截了当的方法得不到深入发展，后来才被牛顿的“神秘无穷小”所取代。

导数是研究函数性态的方便的工具。例如，如果 $F(x)$ 的导数 $f(x)$ 在 $[a, b]$ 上非负（正），则 $F(x)$ 在 $[a, b]$ 上单调不减（增）。这个基本的重要事实，在 ε 语言的定义下证明起来要绕一个很大的圈子：这个事实是用拉格朗日中值定理推出来的；拉格朗日中值定理的证明要用到罗尔定理；罗尔定理的证明要用到连续函数在闭区间上取到最大值的性质，而这个性质的证明要用到连续函数的定义和实数理论中的一个基本定理！

世界上每年都会有上千万的大学生学习微积分，当然要学习“如果 $F(x)$的导数非负则 $F(x)$单调不减”这样的

命题。但是，其中 90%以上的人，弄不明白它的道理。在非数学专业的高等数学教材中，干脆放弃了让学生明白这条命题的努力，只要求会用就行了。

采用了强可导的定义，情况有了根本的变化。只要从定义出发，直截了当地就能给出这条极其重要的基本命题的证明：

导数不变号则函数单调的证明　设 $f(x)$在 $[a, b]$ 上恒非负，满足强可导的定义

$$|(F(x+h)-F(x))-f(x)h| \leqslant Mh^2,$$

要证明 $F(x)$在 $[a, b]$ 上单调不减。

证明　用反证法。设有两点 u 和 $u+h(h>0)$使得 $F(u+h)-F(u)=d<0$；将区间 $[u, u+h]$ 等分为 n 段，其中必有一段$\left[v, v+\frac{h}{n}\right]$使得

$$F\left(v+\frac{h}{n}\right)-F(v) \leqslant \frac{d}{n}<0。$$

因为 $f(v) \geqslant 0$，故 $F\left(v+\frac{h}{n}\right)-F(v)$和$-\frac{f(v)h}{n}$同为非正，于是得：

$$\left|\frac{d}{n}\right| \leqslant \left|F\left(v+\frac{h}{n}\right)-F(v)-\frac{f(v)h}{n}\right| \leqslant M\left(\frac{h}{n}\right)^2,$$

当 $n>\left|\frac{Mh^2}{d}\right|$时推出矛盾，证毕。

类似地，若 $f(x)$在 $[a, b]$ 上恒非正，则 $F(x)$在 $[a, b]$ 上单调不增。

想想原来绕的大圈子，如此简单的论证令人惊奇。

本来，是用不等式之间的关系定义极限，用极限定义函数的导数，再用导数性质来推导有关函数的不等式（单调性就是一些不等式!），所以绕了圈子。现在直接从不等式推不等式，可说是返璞归真。这样看，就没有奇怪之处了。

前面指出，常数的导数为 0。于是，导数为正的函数严格递增，导数为负的函数严格递减。

常数的导数为 0，导数为 0 的函数是不是常数呢？现在可以清楚了：若 $f(x)$在 $[a, b]$ 上恒为 0，由于 $f(x)$ 恒非负，故 $F(x)$在 $[a, b]$ 上单调不减；又由于 $f(x)$恒非正，故 $F(x)$在 $[a, b]$ 上单调不增；从而 $F(x)$在 $[a, b]$ 上为常数。

也就是说，在区间上导数为 0 的函数为常数。

这推出：在区间上导数相等的两个函数之差，是一个常数。

数学家看问题，常常是举一反三。考虑了导数相等的两个函数，马上就联想到导数不相等的两个函数。

设 $F(x)$和 $G(x)$在 $[a, b]$ 上强可导，导数分别为 $f(x)$和 $g(x)$。如果在 $[a, b]$ 上总有 $f(x) \geqslant g(x)$，则 $F(x)-G(x)$的导数非负，所以 $F(x)-G(x)$在 $[a, b]$ 上单调不减，因而

$$F(a)-G(a) \leqslant F(b)-G(b),$$

这推出：

$$G(b)-G(a)\leqslant F(b)-F(a)。$$

也就是说：在同一个区间上，导数较大的函数，总的增长量也较大。

这等于说，在同一时间内，速度较快的车跑的路较多。

如果两个函数中，$G(x)$是一次函数，设 $G(x)=vx$，则 $g(x)=v$；前提条件 $f(x)\geqslant g(x)$就成为 $f(x)\geqslant v$；结论 $G(b)-G(a)\leqslant F(b)-F(a)$就成了

$$v(b-a)\leqslant F(b)-F(a)。$$

同理，当 $f(x)\leqslant u$ 时有

$$F(b)-F(a)\leqslant u(b-a)。$$

总结起来，就得到一个根据导数估计函数值的定理，不妨叫做：

估值定理 若在 $[a,\ b]$ 上有 $F'(x)=f(x)$，则当 $v\leqslant f(x)\leqslant u$ 时有

$$v(b-a)\leqslant F(b)-F(a)\leqslant u(b-a)。$$

估值定理所起的作用，相当于原来微积分教程中的中值定理。

回头看看，在这几页篇幅内，得到了多少东西啊！在传统的高等数学课程里，这些内容够讲 1 个月了，而且很难说得如此清楚呢。

选择定义，是多么重要！

轻松获取泰劳公式

在历史上，三角函数和对数函数的值的计算，耗费了许多数学家和科技人员大量的劳动。

现在有了计算器，轻轻一按，就能得到所要的各种常见函数的函数值。

计算器是按程序工作的，程序是人按一定的公式或算法编写的。只要有了把函数值的计算化为四则运算的公式或算法，编写程序就有了依据。

微积分里的泰劳公式，就是把函数的值的计算归结为四则运算的最常用的公式。

每本数学手册上都会有泰劳公式，学过高等数学的学生都知道泰劳公式。但是，这个公式是如何推出来的，非数学专业的学生很少能说得清楚。

这又一次说明，基于柯西的极限概念建立的微积分，在数学上虽然是辉煌的贡献，但在教育上却并不成功。

泰劳公式，写出来就是：

$$F(u+h)=F(u)+F'(u)h+\frac{F''(u)h^2}{2}+\cdots+\frac{F^{(n-1)}(u)h^{n-1}}{(n-1)!}+R_n(u,h)。$$

其中 $F''(u)$表示 $F(x)$的 2 阶导数在 $x=u$ 处的值。所谓 $F(x)$的 2 阶导数，就是 $F(x)$的导数的导数；$F(x)$的 2 阶导数的导数叫 3 阶导数；这样递推可以定义 $F(x)$的 n 阶导数。$F^{(k)}(u)$表示$F(x)$的 k 阶导数在 $x=u$ 处的值，约定 $F^{(0)}(u)$就是 $F(u)$。

泰劳公式表明，$F(u+h)$可以近似地展开成 h 的 $n-1$ 次多项式，其中 h 的 k 次项的系数是$\frac{F^{(k)}(u)}{k!}$，最后一项 $R_n(u,h)$是误差，叫做泰劳公式的余项。

如果 $F(x)$是 $n-1$ 次多项式，把 $F(u+h)$展开成 h 的多项式，得到的正是余项为 0 的泰劳公式。举一反三，数学家发现了对一般函数成立的泰劳公式。

关键是要估计余项有多大。如果对余项没有个估计，或者余项很大，泰劳公式就毫无用处。

所谓推导泰劳公式，就是对它的余项进行有效的估计。

把 u 看成常数，h 看成变量，设

$$G(h)=F(u+h)-\left(F(u)+F'(u)h+\frac{F''(u)h^2}{2}+\cdots+\frac{F^{(n-1)}(u)h^{n-1}}{(n-1)!}\right),$$

则 $G(h)=R_n(u,h)$。要估计的就是 $G(h)$。

具体一算便知，$G(0)=0$，而且当 $x=0$ 时 $G(x)$ 从 1 阶到 $n-1$ 阶的导数均为 0；至于 $G(x)$ 的 n 阶导数，就是 $F^{(n)}(u+x)$。

下面说明，如果 u 和 $u+h$ 都在 $[a, b]$ 上，并且 $|F^{(n)}(x)|\leqslant M$ 在 $[a, b]$ 上成立，则有估计式：

$$|R_n(u,h)|\leqslant\frac{M|h|^n}{n!}。$$

这是很不错的估计。按这个估计，只要 n 够大，用泰劳公式计算出来的函数值就能够精确。

我们以 $n=4$ 为例，说明推导的思路。

推导的基本依据，是上一节得到的函数的增长量和导数的大小之间的关系：在同一个区间上，导数较大的函数，总的增长量也较大。

当 $u+x$ 在 $[a, b]$ 上时，x 在 $[a-u, b-u]$ 上。记 $A=a-u$，$B=b-u$；则 x 在 $[A, B]$ 上。

因为 u 在 $[a, b]$ 上，所以 $A=a-u\leqslant 0$，$B=b-u\geqslant 0$。

为确定，不妨只考虑 $h>0$ 的情形。

估计的出发点是 $|F^{(4)}(u+x)|\leqslant M$，也就是 $|G^{(4)}(x)|\leqslant M$，即

$$-M\leqslant G^{(4)}(x)\leqslant M。$$

由于 $(Mx)'=M$，$(G^{(3)}(x))'=G^{(4)}(x)$，$(-Mx)'=-M$，所以，由上面的不等式推出

$$-M(h-0)\leqslant G^{(3)}(h)-G^{(3)}(0)\leqslant M(h-0)。$$

但是 $G^{(3)}(0)=0$，故有

$$-Mh \leqslant G^{(3)}(h) \leqslant Mh。$$

由于又有 $\left(\frac{Mx^2}{2}\right)' = Mx$，$(G''(x))' = G^{(3)}(x)$，$\left(-\frac{Mx^2}{2}\right)' = -Mx$，所以，由上面的不等式和 $G''(0)=0$ 推出

$$-\frac{Mh^2}{2} \leqslant G''(h) \leqslant \frac{Mh^2}{2}。$$

又有 $\left(\frac{Mx^3}{6}\right)' = \frac{Mx^2}{2}$，$(G'(x))' = G''(x)$，$\left(-\frac{Mx^3}{6}\right)' = -\frac{Mx^2}{2}$，所以，由上面的不等式和 $G'(0)=0$ 推出

$$-\frac{Mh^3}{6} \leqslant G'(h) \leqslant \frac{Mh^3}{6}。$$

又有 $\left(\frac{Mx^4}{24}\right)' = \frac{Mx^3}{6}$，$(G(x))' = G'(x)$，$\left(-\frac{Mx^4}{24}\right)' = -\frac{Mx^3}{6}$，所以，由上面的不等式和 $G'(0)=0$ 推出

$$-\frac{Mh^4}{24} \leqslant G(h) \leqslant \frac{Mh^4}{24}。$$

这就是我们想要的 $|G(h)| \leqslant \frac{Mh^4}{4!}$。

上面考虑的是 $n=4$ 的具体情形，不厌其烦地把同一个推理方式重复了 4 次。

熟能生巧，看出规律了：对一般的 n，用有限数学归纳，一次推理就能成功。

成功后的反思

在简化极限概念的路上，才前进了半步，就有了想象不到的效果。

微分学的几乎所有重要的基本结果，都得到了。简明，而且严谨。

我们发现，建立微分学，可以不用极限概念。

但是也有代价。这里的可导和传统的可导有些不同，这里的可导是强可导。

容易证明，所有的初等函数，科学技术活动中用到的几乎所有的函数，都是强可导的。原来所有的求导公式，在强可导的意义下仍然成立。

但也有些函数的个别点处，在传统的意义下可导，但不是强可导的。

例如，函数 $F(x)=x^{\frac{4}{3}}$ 在 $x=0$ 处可导，但在包含 $x=0$ 这点的任意区间上却不是强可导的。当然，在不包含此点的闭区间上是强可导的（图 6－5）。

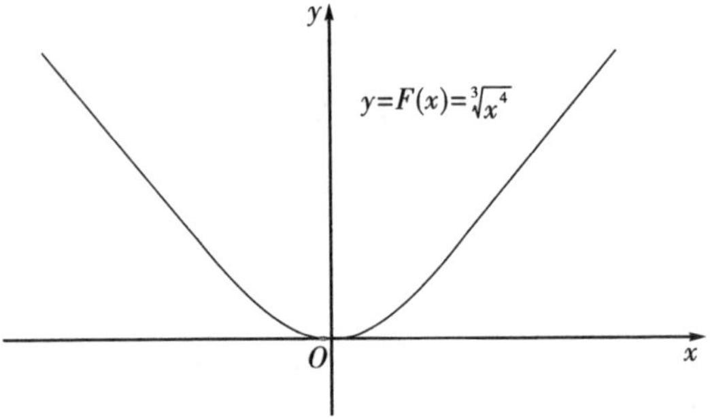

图 6－5

为什么会有这样的差别？

前面说过，用不等式 $|F(u+h)-a|<M|h|$ 来描述"$F(u+h)$ 当 h 趋于 0 时无限接近于 a"，是一个充分条件，不是必要条件。

如何才能把充分条件变成充分必要条件呢？

只有把 h 换成一个更一般的，以 h 为变量的函数。这个函数在 h 趋于 0 的过程中应当越来越小，无限接近于 0。

关键是寻找严谨而简明的数学语言，来刻画这样的函数。

越来越小可以用单调性来表示，无限接近于 0 可以用"倒数无界"来表示。

这样一来，就有了一种刻画"$F(u+h)$ 当 h 趋于 0 时无限接近于 a"的方法，也可以看成是函数极限的新定义：

函数极限的不等式定义　设函数 $F(x)$ 在 $x=u$ 附近有定义；如果存在一个在 $[0, H]$ 上递增非负的函数 $d(x)$，且 $\frac{1}{d(x)}$ 在 $(0, H]$ 上无界，使得 $H>|h|>0$ 时有

$$|F(u+h)-a|<d(|h|),$$

就说：当 x 趋于 u 时 $F(x)$ 以 a 为极限。

容易证明，这个定义和 ε 语言的函数极限定义等价。类似地，用不等式也可以定义数列的极限。这些定义，相关的应用和推理，以及和 ε 语言的极限定义的等价性，见《从数学教育到教育数学》一书（四川教育出版社，1989 年 7 月第一版；台湾九章出版社，1996 年 9 月；中国少年儿童出版社，2005 年 1 月）。

用了函数 $d(x)$，就可以把强可导的定义，扩充为更广泛的一致可导的概念：

一致可导函数及其导数的定义　设函数 $F(x)$ 在 $[a, b]$ 上有定义。如果有一个在 $[a, b]$ 上有定义的函数 $f(x)$，和一个在 $[0, b-a]$ 上递增非负的函数 $d(x)$，且 $\frac{1}{d(x)}$ 在 $(0, b-a]$ 上无界，使得对 $[a, b]$ 上任意的 x 和 $x+h$，有下列不等式：

$$|(F(x+h)-F(x))-f(x)h|\leqslant|hd(|h|)|, \quad (1)$$

则称 $F(x)$ 在 $[a, b]$ 上一致可导，并且称 $f(x)$ 是 $F(x)$ 的导数，记作 $F'(x)=f(x)$。

显然，（1）可以写成等价的等式

$$F(x+h)-F(x)=f(x)h+M(x,h)hd(|h|), \quad (2)$$

这里 $M(x, h)$ 是一个在区域 $\{(x, h): x\in[a, b], x+h\in[a, b]\}$ 上有界的函数。

在上面这个定义中，取 $d(x)=Mx$，就得到强可导的定义。可见，强可导是一致可导的特款。强可导函数也是一致可导的，但反过来不一定对。图 6－5 中的那个函数在包含 $x=0$ 的区间上不是强可导的，但却是一致可导的（取 $d(x)=Mx^{\frac{1}{4}}$）。

其实，等式(2)本质上就是用微分表示线性主部的传统方法：

$$F(x+h)-F(x)=F'(x)h+O(h),$$

其中 $O(h)$ 是 h 的高级无穷小。强可导和一致可导，都是把 $O(h)$ 强化和具体化为 Mh^2 和 $Mhd(h)$，$d(h)$ 可以是 h^α，$\alpha>0$ 就行；一般地，$d(h)$ 是无穷小就行。但无穷小是尚未定义的东西，单调性和无界性则是熟悉的，或比较容易理解的概念。

字母 d 对应于希腊字母 δ，打字比 δ 方便；有判别之意。

前面关于强可导函数的一系列命题的证明，作很少的改变，就都适用于一致可导函数。

一致可导的概念和通常用极限定义的可导的概念，差别实际上只有一点：一致可导是在区间上定义的，相当于极限过程的不等式是一致成立的，通常的可导则是在一个点定义的，不同点处的极限过程可能是不一致的。

一致可导的函数以及它的导数，都具有连续性。直观地说，其图像一定是一条连续的曲线。通常连续性是这样用数量关系来刻画的：如果当 h 趋于 0 时 $f(u+h)$ 趋于 $f(u)$，就说函数 $f(x)$ 在 $x=u$ 处连续。用不等式表示，就是 $|f(x+h)-f(x)|\leqslant d(|h|)$ 当 $x=u$ 时成立，而且当 u 不同时函数 $d(x)$ 可能不同。

若 $F(x)$ 一致可导，由定义，按(2)有

$$F(x+h)-F(x)=f(x)h+M(x,h)hd_1(|h|),$$

交换 x 和 $x+h$ 又得到

$$F(x)-F(x+h)=f(x+h)(-h)+M(x+h,-h)\cdot(-h)d_1(|h|)。$$

两式相加，约去 h 并整理可得

$$|f(x+h)-f(x)|\leqslant d(|h|)。\tag{3}$$

当 $F(x)$ 强可导时，则有

$$|f(x+h)-f(x)|\leqslant M|h|。\tag{4}$$

我们称在 $[a, b]$ 上满足(3)的函数 $f(x)$ 在 $[a, b]$ 上一致连续；称满足(4)的函数 $f(x)$ 在 $[a, b]$ 上强连续（通常说是满足李普西兹条件）。于是得到：

导数的连续性 若 $F(x)$ 在 $[a, b]$ 上一致（强）可导，则其导数 $f(x)$ 在 $[a, b]$ 上一致（强）连续。

附带提一下，从定义可以看出：若 $F(x)$ 在 $[a, b]$ 上一致可导，则 $F(x)$ 在 $[a, b]$ 上强连续。

抛物线弓形的面积

求曲线包围的面积，是比作曲线的切线更古老的问题，其实际意义也更为明显。

提起曲线，除了圆，人们总是首先想到抛物线。2000 多年前，古希腊的数学家和物理学家阿基米德，用巧妙的方法，成功地解决了抛物线弓形的面积计算问题。

阿基米德的方法，是专门来对付抛物线的。下面我们讲的方法，却是个一般的方法。

图 6 - 6 画出了区间 [0, 3] 上抛物线 $y=f(x)=1+\frac{x^2}{4}$ 的一段。要计算这个抛物线弓形的面积，关键是要求出曲线下面这个“曲边梯形”的面积，即图中阴影部分的面积。

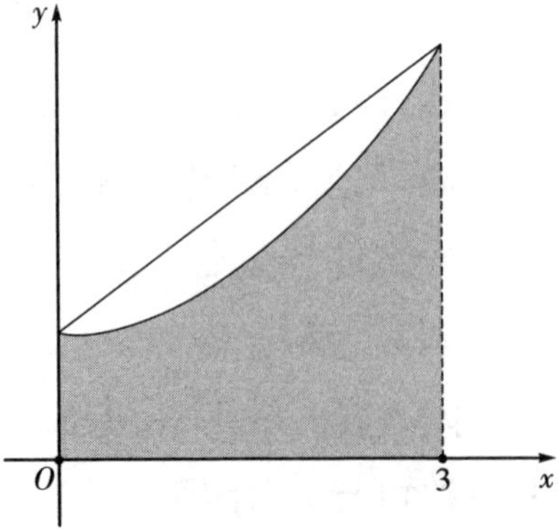

图 6 - 6

数学家解决问题，有时候会把一个特殊问题化成一般问题；一般问题解决了，特殊问题自然也解决了。

这是因为，有时在一般化的过程中，问题的本质可能更充分地暴露出来。

如图 6－7，在 [0，3] 上取一个点 x，只考虑 x 左边的这部分面积（即图 6－7 中阴影部分的面积），这块面积也是 x 的函数，就叫做 $F(x)$。如果知道了 $F(x)$的表达式，$F(3)$不就是要求的面积吗?

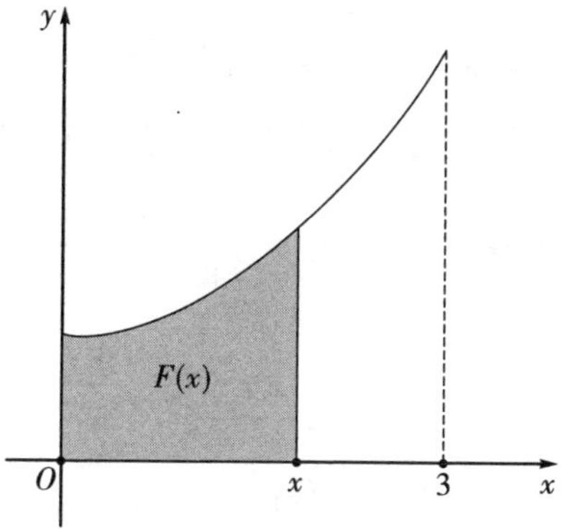

图 6－7

为了研究 $F(x)$的性质，我们进一步观察差分 $F(x+h)-F(x)$，它就是图 6－8 中在区间 $[x, x+h]$ 上的这块阴影部分。

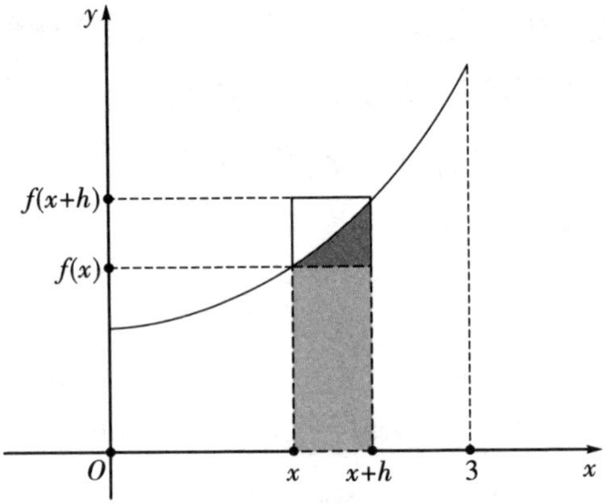

图 6－8

此阴影部分和这段曲线下由粗虚线围成的矩形面积 $f(x)h$ 之差，不超过上方细实线围成的矩形面积

$$|h(f(x+h)-f(x))|=\left|\frac{(x+h)^2-x^2}{4}\cdot h\right|$$

$$=\left|\frac{2xh+h^2}{4}\cdot h\right|<3h^2,$$

于是得到［0，3］上的不等式

$$|(F(x+h)-F(x))-f(x)h|<3h^2。$$

由定义可知 F 强可导并且

$$F'(x)=f(x)=1+\frac{x^2}{4}。$$

由幂函数的求导公式可知

$$\left(x+\frac{x^3}{12}\right)'=1+\frac{x^2}{4}。$$

所以 $F(x)$ 和 $x+\frac{x^3}{12}$ 仅差一个常数，即

$$F(x)=x+\frac{x^3}{12}+C。$$

根据 F 的定义可知 $F(0)=0$，由此定出 $C=0$，即

$$F(x)=x+\frac{x^3}{12}。$$

于是所求的曲边梯形的面积为 $F(3)=\frac{21}{4}$，因此图 6－6 中的抛物线弓形面积为$\frac{51}{8}-\frac{21}{4}=\frac{9}{8}$。

这里的方法比阿基米德的方法简单，而且有普遍性。

这个方法的一般化，就是牛顿—莱布尼茨公式，它是微积分学诞生的标志，也叫做微积分基本定理。

微积分基本定理

现在，我们来考虑一般的曲线下的曲边梯形的面积。如图 6－9 中，函数 $f(x)$的曲线在［a，b］上形成的曲边梯形的面积，叫做 $f(x)$在［a，b］上的定积分，记作：

$$\int_a^b f(x)\mathrm{d}x 。$$

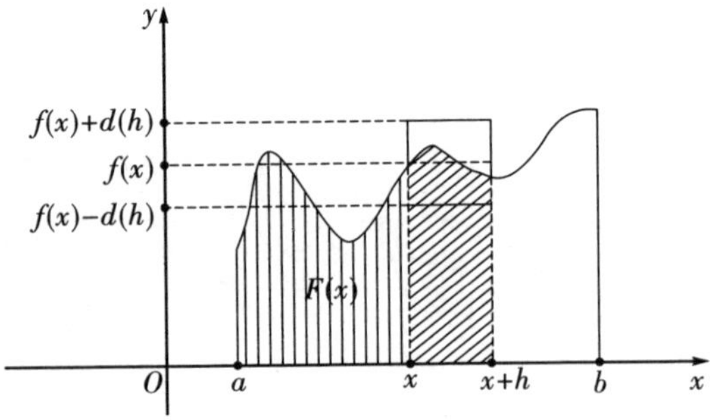

图 6－9

这个表达式里的变量 x 可以换成其他的字母，例如写成

$$\int_a^b f(t)\mathrm{d}t ,$$

其意义相同，都代表这块面积。

你一定会想到，如果 $f(x)$的函数值在 $[a, b]$ 上不是非负的，曲线有些部分到 x 轴下面了，这块面积又是什么？我们可以设想，给 $f(x)$加上一个数 A，使得

$$g(x)=f(x)+A>0,$$

也就是说，把 $f(x)$的曲线向上平移到 x 轴的上方，得到 $g(x)$的曲线，再从 $g(x)$的曲线形成的曲边梯形的面积里，去掉因平移而增加的面积，就作为 $f(x)$在$[a,b]$上的定积分：

$$\int_a^b f(x)\mathrm{d}x = \int_a^b (f(x)+A)\mathrm{d}x - A(b-a) ,$$

因此，假设 $f(x)$非负，并不失去一般性。

下面的做法，恰如上节对抛物线下的曲边梯形所作的一样。

如图 6－9，在 $[a, b]$ 上取一个点 x，只考虑 x 左边的这部分面积，即图中竖直线条阴影部分的面积，这块面积也是 x 的函数，就叫做 $F(x)$：

$$F(x) = \int_a^x f(t)\mathrm{d}t 。$$

为了研究 $F(x)$的性质，我们进一步观察差分 $F(x+h)-F(x)$，它就是图中在区间 $[x, x+h]$ 上方的这块斜线条阴影部分，即

$$F(x+h)-F(x)=\int_{x}^{x+h}f(t)\mathrm{d}t。$$

要估计这块面积，必须对 $f(x)$的性质有所了解。这里我们设 $f(x)$在［a，b］上一致连续，于是有一个 $d(x)$，使得当 t 在区间［x，$x+h$］上时有

$$|f(x+t)-f(x)|\leqslant d(|t|)\leqslant d(|h|)。$$

从图上看，这表明区间［x，$x+h$］上的这段曲线，在高度分别为$f(x)+d(|h|)$和 $f(x)-d(|h|)$的两条水平线之间。因此，区间［x，$x+h$］上方的这块斜线条阴影部分的面积（即 $F(x+h)-F(x)$）和宽为 h 长为 $f(x)$ 的矩形面积(即 $f(x)h$)的差，不会超过 $d(|h|)h$，即：

$$|F(x+h)-F(x)-f(x)h|\leqslant d(|h|)h。$$

这证明 $F(x)$一致可导，且 $F'(x)=f(x)$。

设 $G(x)$是任何一个满足 $G'(x)=f(x)$的一致可导的函数；由于 $G'(x)=F'(x)$，所以 $G(x)=F(x)+C$，从而

$$G(b)-G(a)=F(b)-F(a)=\int_{a}^{b}f(t)\mathrm{d}t,$$

这就是著名的牛顿—莱布尼茨公式，即微积分基本定理。

根据这个公式，只要找到一个一致可导的函数 $G(x)$ 满足 $G'(x)=f(x)$，就能轻而易举地计算 $f(x)$曲线下的曲边梯形的面积。

就这样，成千上万的面积计算问题，被一举解决！

正如莱布尼茨所说，掌握了新方法的人这样魔术般做到的事情，却曾使其他渊博的学者百思不解！

不用极限定义定积分

数学家的眼光是严谨的，容不得半点含糊。

用严谨的眼光审视前面微积分定理的证明过程，就会看到一个漏洞：我们用曲边梯形的面积来引进定积分，却没有交代什么是曲边梯形的面积！也就是说，在上面给出的微积分基本定理的证明和结论中，作为主角的定积分，是一个没有定义的概念。

这里说没有定义，是说在我们的初等微积分里没有定义。在传统的微积分教程中，定积分是有定义的。绝大多数教材用的是德国大数学家黎曼给出的定义，即所谓黎曼积分。黎曼积分的定义说来话长，要用到极限概念，这里就不细说了。

不用极限定义导数成功，初等化的微积分有了半壁山河。能不能更进一步，一统天下？

具体说，能不能不用极限概念定义定积分？

定积分的几何原型是曲边梯形的面积。数学家常常从几何原型提取性质，把性质抽象为一般的定义。关键在于眼光是否敏锐，能不能看出本质的东西。

曲边梯形的面积有哪些基本性质呢?

图 6－10 是函数 $f(x)$ 的图象，下面的性质是平凡的。

(i) 对任意满足 $a<c<b$ 的 c，$f(x)$ 在 $[a, b]$ 上的曲边梯形的面积等于 $f(x)$ 在 $[a, c]$ 和 $[c, b]$ 上的曲边梯形的面积之和。

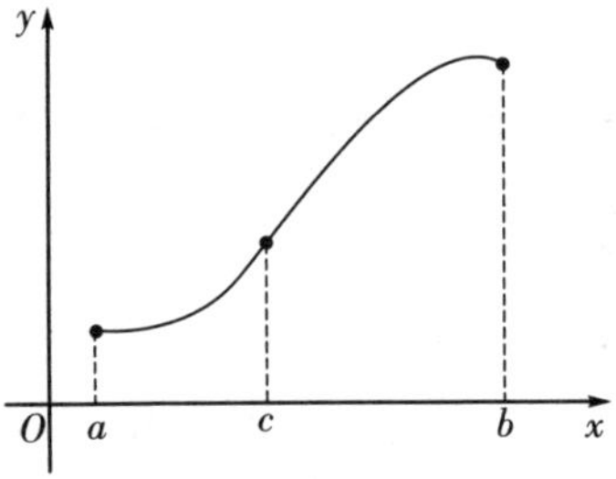

图 6－10

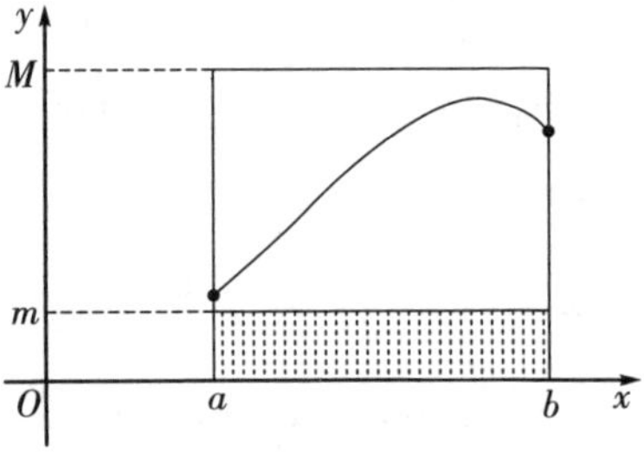

图 6－11

性质 (i) 太一般了，几乎和 $f(x)$ 本身的特性无关。

再看图 6－11，曲线夹在上下两条水平直线之间，曲边梯形的面积也就在两个矩形面积之间。这就是

(ii) 若 $m \leqslant f(x) \leqslant M$，则此曲边梯形的面积在 $m(b-a)$ 和 $M(b-a)$ 之间。

从上面对曲边梯形代数面积的直观考察，提炼出下面定积分的定义。

定积分的另类定义 设 $f(x)$ 在区间 I 上有定义；如

果有一个二元函数 $S(u,v)(u\in I,\ v\in I)$，满足

(i) 可加性：对 I 上任意的 u，v，w 有

$$S(u,w)+S(w,v)=S(u,v);$$

(ii) 非负性：对 I 上任意的 $u<v$，在 $[u,\ v]$ 上 $m\leqslant f(x)\leqslant M$ 时必有

$$m(v-u)\leqslant S(u,v)\leqslant M(v-u);$$

则称 $S(u,v)$是 $f(x)$在 I 上的一个积分系统。

如果 $f(x)$在 I 上有唯一的积分系统 $S(u,v)$，则称 $f(x)$在 $[u,\ v]$（I 的子区间）上可积，并称数值 $S(u,v)$是 $f(x)$ 在 $[u,\ v]$ 上的定积分，记作 $S(u,v)=\int_u^v f(x)\mathrm{d}x$。表达式中的 $f(x)$叫做被积函数，x 叫做积分变量，u 和 v 分别叫做积分的下限和上限；用不同于 u，v 的其他字母（如 t）来代替 x 时，$S(u,v)$数值不变。

抽象的定义要用具体例子来说明：

例 1 常数函数 $f(x)=c$ 在任意区间 I 上有唯一的积分系统$S(u,v)=c(v-u)$。

证明 先验证关于积分系统的两个条件：

(i) $S(u,\ w)+S(w,\ v)=c(w-u)+c(v-w)$

$$=c(v-u)=S(u,\ v);$$

(ii) 若 $u<v$，则 $f(x)=c\leqslant M$ 时有

$$S(u,\ v)=c(v-u)\leqslant M(v-u);$$

$f(x)=c\geqslant m$ 时有 $S(u,v)=c(v-u)\geqslant m(v-u)$。

可见二元函数 $c(v-u)$是 $f(x)=c$ 在区间 I 上的积

分系统。

反过来，若 $S(u,v)$ 是 $f(x)=c$ 在区间 I 上的一个积分系统；由定义从 $c\leqslant f(x)\leqslant c$ 推出，当 $u<v$ 时总有 $c(v-u)\leqslant S(u, v)\leqslant c(v-u)$，即 $S(u, v)=c(v-u)$；当 $u\geqslant v$ 时容易知道也有 $S(u, v)=c(v-u)$。

想一想，例 1 的几何意义是什么？

例 2 设某物体做直线运动，物体的运动方向为位移的正向，时刻 t 的速度 $v=v(t)$，而位置为 $s=s(t)$，$t\in[a, b]$。令 $S(u, v)=s(v)-s(u)$，则当 $u<v$ 时 $S(u, v)$是物体在时间区间 $[u, v]$ 上所做的位移。若在 $[u, v]$ 上有 $m\leqslant v(t)\leqslant M$，显然有 $m(v-u)\leqslant S(u, v)\leqslant M(v-u)$。容易检验，$S(u, v)$是 $v=v(t)$ 在区间 $[a, b]$ 上的积分系统。

例 3 设 $A<B$ 是 x 轴上的两点，某物体 M 从 A 到 B 做直线运动，作用于 M 上的力 F 的大小和方向与物体的位置 x 有关，即 $F=F(x)(x\in[A, B])$；这里 $F(x)$ 的正负分别表示 F 的方向与 x 轴正向一致或相反。记力 F 在 M 经过 $[A, x]$ 段过程中所做的功为 $W(x)$，并令 $S(u, v)=W(v)-W(u)$，则当 $u<v$ 时 $S(u, v)$是 F 在 M 经过 $[u, v]$ 段过程中所做的功。容易验证 $S(u, v)$ 是 $F(x)$在区间 $[A, B]$ 上的积分系统。

从几何出发抽象出来的定义，体现在物理的实例中了。“举一反三”，是数学的家常便饭。

微积分基本定理的天然证明

有了定积分的上述定义，前面给出的微积分基本定理的证明就有了严谨化的依据。

不过没有必要吃回头草了。有了这个定义，立刻就有一个微积分基本定理的天然证明：

函数的差分是导数的积分系统　设函数 $F(x)$ 在区间 I 的任意闭子区间上一致可导，$F'(x)=f(x)$；则二元函数 $S(u,\ v)-F(v)-F(u)$ 是 $f(x)$ 在区间 I 上的积分系统。

证明　只要验证积分系统定义中的两个条件：

(i) $S(u,\ w)+S(w,\ v)=(F(w)-F(u))+(F(v)-F(w))=F(v)-F(u)=S(u,\ v)$；

(ii) 设 $u<v$，若在 $[u,\ v]$ 上有 $m\leqslant f(x)\leqslant M$，根据估值定理有 $m(v-u)\leqslant F(v)-F(u)\leqslant M(v-u)$，即 $m(v-u)\leqslant S(u,\ v)\leqslant M(v-u)$。

可见二元函数 $S(u, v)=F(v)-F(u)$ 是 $f(x)$ 在 I 上的积分系统。证毕。

有了这个轻松得证的定理，是不是就能推出牛顿—莱布尼茨公式呢?

且慢，按定义，还要求这个积分系统是唯一的，才能使用定积分的名称和记号。

唯一性的证明不难，它和黎曼积分的思想是相通的，只是绕过了极限概念。

连续函数积分系统的唯一性 设 $f(x)$ 在区间 I 的任意闭子区间上一致连续，$S(u,v)$ 和 $R(u,v)$ 都是 $f(x)$ 在 I 上的积分系统，则恒有 $S(u,v)=R(u,v)$。

证明 用反证法。

若命题不真，则有 I 上的 $u<v$ 使

$$|S(u, v)-R(u, v)|=E>0。$$

将 $[u, v]$ 等分为 n 段，分点为

$$u=x_0<x_1<\cdots<x_n=v,$$

记 $H=v-u$，$h=\frac{H}{n}$；由 $f(x)$ 在 $[u, v]$ 上一致连续，有函数 $d(x)$ 使当 $x\in[x_{k-1},x_k]$ 时有

$$f(x_k)-d(h)\leqslant f(x)\leqslant f(x_k)+d(h)\quad(k=1, \cdots, n),$$

由积分系统的非负性可得：

$$(f(x_k)-d(h))h\leqslant S(x_{k-1}, x_k)\leqslant(f(x_k)+d(h))h$$

$(k=1, \cdots, n)$，

对 k 从 1 到 n 求和，并记 $F=f(x_1)+\cdots+f(x_n)$，得到：

$$Fh-d(h)H \leqslant S(u, v) \leqslant Fh+d(h)H。$$

同理有　$Fh-d(h)H \leqslant R(u, v) \leqslant Fh+d(h)H$。

可见 $0<|S(u, v)-R(u, v)|=E \leqslant 2d(h)H$，于是有 $\frac{1}{d(h)} \leqslant \frac{2H}{E}$，由于 h 可以任意小，这和 d 函数的倒数无界性矛盾，证毕。

有了唯一性定理，又因为一致可导函数的导数的一致连续性，就可以名正言顺地写出牛顿—莱布尼茨公式了。

微积分方法从产生到严谨化，经历了近 250 年。这真是数学史上最生动、最有趣、最为激动人心的篇章！(关于这段数学史可参看韩雪涛：《数学悖论与三次数学危机》，湖南科学技术出版社，2006。）读一读这段数学史，我们可以看到，在数学家的眼中，一个重要的数学概念是如何产生、如何发展、如何从模糊变为清晰、如何从直观的描述变为严谨的定义的。我们看到，数学家也会困惑，也会出错；但他们坚持不懈，前赴后继，一代一代地上下求索，最后总能从迷雾中发现正确的道路。

不用无穷也不用极限概念，居然可以定义导数和定积分，并且还严谨而简洁地推出了微积分的一系列基本结果，这是多年来大家都没有想到的；用类似的一个不等式就能说明极限概念，这也是多年以来大家都没有想到的。如果当初牛顿或莱布尼茨想到这个方法，第二次数学危机就不存在了！如果柯西或魏尔斯特拉斯想到这个方法，150 多年来世界上大多数的大学生就能够真正学懂微积分了！250 年来众多卓越的数学家曾经孜孜以求而不得的东西，原来就在身边。他们的眼光也许看得太远，以为答案隐藏得很深，因而才忽略了手边早就有的不等式和方程吧！正是：

“众里寻他千百度，蓦然回首，那人却在，灯火阑珊处。”

因为我们站在前辈的肩膀上，所以看得更清楚。数学家的眼光，一代比一代更敏锐，这说明数学确实在前进。还是阿蒂亚说得好，“过去曾经使成年人困惑的问题，或许以后连孩子们都能容易地理解”。

前面所说的不用极限讲导数的方法，基本观念有两个：一个是在区间上而不是在一个点处定义导数，一个是用不等式代替（或表达）极限概念。这两个观念，并非一朝一夕所形成。早在 1946 年，国外已经有人提出并使用了在区间上定义导数的方法；但是，真正指出区间上定义导数的好处，用不等式代替（或表达）极限概念，并在新的观念下系统展开，以至于实现微积分的初等化，则是中国数学家近 20 年来的工作。林群院士在实现微积分的初等化的工作中作了重要的贡献，他指出在区间上定义导数可以大大简化微积分基本定理的证明，提出了强可导定义下的不等式，并且在中学里进行了教学实践。

至于不用极限定义定积分，则是在本书中首次出现。这样定义是否合理，推理是否站得住，欢迎读者指正。

微积分早已是一门成熟的学科。微积分的初等化，其意义在于数学教育的改革。而把微积分初等化的成果变成教材，在教学实践中普及推广，让成千上万的学子受益，还需要长期的艰巨劳动。

伴　读

一、思考探究

1.“三角形的内角和等于 180°”与“三角形的外角和等于 360°”这两个等价的定理，为什么数学家们会认为后者更好一些？谈谈你的体会。

2. 祖冲之是我国古代伟大的数学家，他求得的圆周率 π 的近似值精确到小数点后第 7 位，在世界上处于领先地位长达一千多年。你是如何看待中国古代数学成就的？

3. 用数学家的眼光是怎样看待同与异的？请举例以明之。

4. 变换，是数学家手里的一大利器。你是如何看待这个问题的？你在几何学习中接触了哪些变换？

5. 任何变换中都有不变的东西，你能举出生活中和数学中的实际例子吗？试举例说明你在解数学题时运用不变量的例子。

6. 你知道什么是拓扑变换吗？请你举出三个拓扑变换的例子。

7. 读了“洗衣服的数学”和“叠砖问题”两小节后你有什么体会？请你举出一个类似的生活中的数学问题。

8. 你读了“无穷远点在哪里”后能理解无穷远点的意义吗？试举例说明你的体会。

9. 你能用“数学家的眼光”来看周围事物，并提出数学问题吗？试举例说说你的体会。

二、延伸阅读

1. 《新概念几何》，张景中著
2. 《帮你学数学》，张景中著
3. 《从$\sqrt{2}$谈起》，张景中著
4. 《漫话数学》，张景中著
5. 《一线串通的初等数学》，张景中著
6. 《新思路数学　教育数学初中读本》，李尚志主编